新型旋流收水器

设计原理与实践

邱 莉 陈晓东 杨 彭 陈泽霖 主编

化学工业出版社

·北京·

内容简介

本书共分 5 章，第 1 章从宏观层面介绍了收水器发展、现状与存在的问题；第 2 章具体阐述了收水器的基本工作原理；第 3～5 章对圆柱导叶型新型旋流收水器的设计理论、制备及性能和实际应用效果进行了详细的介绍。本书旨在提供一种冷却塔节水新思路，为读者呈现从基础理论到实际应用的全面视角。

本书可供从事工业节水设计及节水技术研发的企业工程师、设计师等学习参考，也可作为教材供高校相关专业师生学习。

图书在版编目（CIP）数据

新型旋流收水器：设计原理与实践／邱莉等主编.
北京：化学工业出版社，2025. 5. -- ISBN 978-7-122
-47781-1

Ⅰ. TU991. 42

中国国家版本馆 CIP 数据核字第 2025BS5851 号

责任编辑：高　宁　　　　　　文字编辑：张　琳
责任校对：宋　夏　　　　　　装帧设计：张　辉

出版发行：化学工业出版社
　　　　　（北京市东城区青年湖南街 13 号　邮政编码 100011）
印　　装：北京印刷集团有限责任公司
710mm×1000mm　1/16　印张 13¾　字数 214 千字
2025 年 7 月北京第 1 版第 1 次印刷

购书咨询：010-64518888　　　　售后服务：010-64518899
网　　址：http://www.cip.com.cn
凡购买本书，如有缺损质量问题，本社销售中心负责调换。

定　　价：128.00 元　　　　　　版权所有　违者必究

前　言

　　本书作者基于目前绝大多数冷却塔内安装的聚氯乙烯材料波纹板收水器的收水效率较低、材料易损坏等不足，数十年深耕冷却塔节水技术的研究与应用。收水器是冷却塔内减除冷却塔排出湿热空气中夹带的大量细小水滴漂移物的重要装置，主要起到节水和保护环境的作用。传统波纹板收水器采用惯性原理除去气流中携带的液滴，其节水效果一般，且该收水器选用的 PVC 材质热稳定性较差，长时间处于冷却塔内部的温热环境下易导致分解，造成破损脱落。基于上述现状及存在的问题，从 2014 年开始，作者及研发团队遵循理论研究、流体分析、结构选型、实验验证等研究思路，经过持续不断的研发工作，最终研发出节水效果更好的新型旋流收水器。

　　本书的核心技术研发团队涉及工业节水、复合材料研究、工业产品设计等众多学科领域，通过多年研究与工作经验积累，申请了多项专利，成功发表多篇论文，获得了行业及省市的科技奖励，研发成果于 2023 年入选了工信部、水利部编制的《国家鼓励的工业节水工艺、技术和装备目录（2023 年）》，该目录旨在加快先进节水工艺、技术、装备的研发和应用推广。新型旋流收水器可以有效降低冷却塔的工业水损耗，提高工业循环水的利用率，通过降低循环水温差可以间接节约煤耗、减少污染物排放量，颠覆了传统收水方式，是未来工业企业在节水节能、低碳环保方面的重要技术对策，为工业企业节水和环保技术的进步作出了贡献，发展前景广阔。

　　本书共分5章，第1章从宏观层面介绍了收水器发展现状与展望；第2章着重介绍了收水器的基本工作原理；第3章详细讲解了新型旋流收水器的设计理论；第4章介绍了新型旋流收水器的制备及性能；第5章介绍了新型旋流收水器的实际应用。

　　本书主编为邱莉、陈晓东、杨彭、陈泽霖。其中邱莉博士（内蒙古工业大学）负责全书的架构设计和统稿；陈晓东博士（内蒙古达智能源科技有限公司）负责旋流收水器的结构设计、实验和产品工艺流程等素材的汇总并参与部分章节的编写；杨彭（江苏师范大学在读博士）负责旋流收水器的平面设计、形态设计和美工设计并参与部分章节的编写。参加编写工作的还有：岑嫱、康捷、王夏婷、成瑶、赵敏、龙天瑜。本书第 1 章由杨彭和龙天瑜编写，第 2 章由陈晓东、岑嫱和王夏婷编写，第 3 章由陈晓东、杨彭和康捷编写，第 4 章由岑嫱和成瑶编写，第 5 章由赵敏和陈泽霖编写。

编者
2024 年 10 月

目 录

1

收水器发展现状与展望

1.1 工业节水的必要性

1.1.1 世界水资源现状

1.1.1.1 全球水资源

随着全球人口和工业生产需求的增长，对水的需求也在不断增加，这使得人们开始研究世界的水供应情况。一个世纪前，淡水的消耗量比现代低六倍。需求和使用量的增加导致淡水资源的压力不断增大，水库进一步枯竭。地球表面 70% 以上都由水覆盖，但人类仍然面临供水紧张的问题。这是因为其中 97% 的水都是咸水，不适合饮用。在剩下的 3% 淡水中，约有三分之二以雪、冰川和极地冰盖的形式被封存，还有约三分之一的淡水存在于正快速枯竭的地下水资源中。这样一来，全球仅有 1% 的淡水"容易"从降雨以及包括河流和湖泊在内的淡水水库中获取。截止到 2023 年，全球每人每年用水量不到 $1000m^3$，有五分之一的人口生活在缺水地区，全世界仍有 21 亿人无法获得安全饮用水。

淡水在世界不同地区的分布极不均匀，许多人均取水量处于前列的国家都位于中亚的干旱沙漠地区，其中排名第一的是土库曼斯坦，年人均取水量为 $5753m^3$。土库曼斯坦、圭亚那等用水量大的发展中国家，其大部分取水都用于农业。据估计，土库曼斯坦 95% 的可用水资源用于农业。而芬兰、新西兰和美国等发达国家的年人均取水量也超过 $1000m^3$，但这些国家的取水用途明显不同：美国 41% 的取水量用于热电发电，37% 用于灌溉和畜牧业；

1

而在芬兰 80％的水用于工业生产。人均取水量较低的国家大多集中在非洲，其中包括人口稠密的国家，如尼日利亚和肯尼亚，这两个国家人均取水量约为 75m³，这也凸显了非洲大陆的水资源获取和基础设施问题[1]。

联合国教科文组织和联合国水机制在 2024 年世界水日发布的《联合国世界水发展报告》报告指出，在经济社会发展和包括饮食在内的消费模式变化的共同推动下，全球淡水使用量正在以每年略低于 1％的速度增长。尽管农业用水约占淡水使用量的 70％，但工业（约 20％）和生活用水（约 10％）是淡水需求增加的主要领域。这是由经济产业化、人口城镇化以及供水和卫生系统扩张所带来的结果。人口增长的影响并不突出，因为人口增长最快的地区往往人均用水量也是最低[2]。

1.1.1.2　中国水资源

我国是一个水资源严重短缺的国家，全国 669 座城市中有 400 座供水不足，110 座严重缺水，大部分在我国北方及西北半干旱、干旱地区，其中华北地区水资源紧缺已成为制约国民经济发展的重要障碍。我国被列为世界上 13 个贫水国之一，人均水资源占有量仅为世界平均水平的 35％。正常年份全国缺水量达 500 多亿 m³，近三分之二的城市不同程度缺水。全国地下水超采区总面积约 30 万 km²，相当于三个江苏省的面积。部分城市、地区的水资源开发不合理，过度开发问题依然严重，导致上下游、左右岸的水资源分布不合理，影响周边居民的正常生活。水资源丰富地区，用水浪费现象十分严重，水资源利用率较低。水资源匮乏区域间歇性断流，甚至是无水可用，无法保障基本生活和生态环境。

随着社会经济快速发展，工业、农业污水排放量逐年增加，我国每年所排放的污水量为 600 亿 t，并且很多污水都是未经处理直接排放到江河中。我国有 8％的河段污染严重，造成水质性缺水，减少了生活水资源总量。此外，由于人们对自然环境的保护意识不足，水力资源开发不合理，湿地、天然湖泊面积减少，恶劣极端天气增加。

（1）降水量

我国地大物博、气候条件多样，雨水空间分布不均匀，东南部水资源充沛，年均降水量普遍达到 1000mm 以上，而西北地区降水量较少，年均降水量不足 400mm，缺水问题十分严重。2023 年，全国平均年降水量为

642.8mm，与多年平均值基本持平，比 2022 年增加 1.8%。从水资源分区看，与多年平均值比较，4 个水资源一级区降水量偏多，其中海河区、松花江区、淮河区分别偏多 15.4%、14.6% 和 10.8%；辽河区接近多年平均值；5 个水资源一级区降水量偏少，其中东南诸河区、西南诸河区分别偏少 8.4%、5.3%。与 2022 年比较，7 个水资源一级区降水量增加，其中淮河区、长江区分别增加 18.6%、10.2%；3 个水资源一级区降水量减少，其中辽河区、珠江区分别减少 22.3%、14.3%。

（2）地表水资源量

2023 年水资源一级区地表水资源量见表 1-1，全国地表水资源量为 24633.5 亿 m³，折合年径流深为 260.4mm，比多年平均值偏少 7.2%，比 2022 年减少 5.2%。

从水资源分区看，与多年平均值比较，4 个水资源一级区地表水资源量偏多，其中海河区、松花江区分别偏多 43.0%、21.3%；淮河区接近多年平均值；5 个水资源一级区地表水资源量偏少，其中东南诸河区、珠江区分别偏少 22.1%、12.1%。与 2022 年比较，5 个水资源一级区地表水资源量增加，其中海河区增加 21.0%；5 个水资源一级区地表水资源量减少，其中辽河区、珠江区分别减少 47.5%、23.1%。从行政分区看，与多年平均值比较，16 个省（自治区、直辖市）地表水资源量偏多，其中北京偏多 127.9%，河北、青海、陕西、山西偏多 30% 以上；西藏接近多年平均值；14 个省（自治区、直辖市）地表水资源量偏少，其中贵州偏少 37.9%，湖南、云南偏少近 30%[3]。

表 1-1　2023 年水资源一级区地表水资源量

区域	地表水资源量/($\times 10^8$ m³)	与 2022 年比较/%	与多年平均值比较/%
全国	24633.5	−5.2	−7.2
北方 6 区	4766.0	−4.5	11.0
南方 4 区	19867.5	−5.4	−10.8
松花江区	1515.0	−3.2	21.3
辽河区	362.1	−47.5	−7.9
海河区	245.1	21.0	43.0
黄河区	671.0	16.2	15.0
淮河区	691.6	12.5	0.4
长江区	8803.2	3.7	−9.9
（太湖流域）	(204.2)	(44.3)	(16.8)
东南诸河区	1564.8	−19.4	−22.1

续表

区域	地表水资源量/($\times 10^8 m^3$)	与2022年比较/%	与多年平均值比较/%
珠江区	4156.0	−23.1	−12.1
西南诸河区	5343.5	3.4	−7.1
西北诸河区	1281.2	−4.2	6.1

2023年，从中国流出国境的水量为5432.0亿 m^3，流入界河的水量为1263.2亿 m^3，国境外流入中国境内的水量为198.7亿 m^3。

2023年，全国入海水量为13123.1亿 m^3，其中辽河区156.1亿 m^3，海河区130.7亿 m^3，黄河区222.6亿 m^3，淮河区412.5亿 m^3，长江区7040.0亿 m^3，东南诸河区1377.0亿 m^3，珠江区3784.1亿 m^3。与多年平均值相比，全国入海水量偏少20.9%。与2022年相比，全国入海水量减少2670.1亿 m^3，各水资源一级区入海水量均有不同程度的减少，其中珠江区、长江区入海水量分别减少11555亿 m^3、819.0亿 m^3[3]。

（3）地下水资源量

2023年，全国地下水资源量为7807.1亿 m^3，比多年平均值偏少2.6%，比2022年减少1.5%。其中，平原区地下水资源量为1844.3亿 m^3，山丘区地下水资源量为6197.8亿 m^3，平原区与山丘区之间的重复计算量为235.0亿 m^3。

全国平原浅层地下水总补给量为1913.4亿 m^3，比2022年增加3.6%。南方4区平原浅层地下水计算面积占全国平原区面积的9%，地下水总补给量为365.5亿 m^3。北方6区计算面积占91%，地下水总补给量为1547.9亿 m^3。其中，松花江区344.2亿 m^3，辽河区107.5亿 m^3，海河区217.0亿 m^3，黄河区171.6亿 m^3，淮河区318.2亿 m^3，西北诸河区389.5亿 m^3。在北方6区平原地下水总补给量中，降水入渗补给量、地表水体入渗补给量、山前侧渗补给量和井灌回归补给量分别占56.3%、32.7%、6.6%和4.4%。松花江、辽河、海河、黄河区和淮河区平原以降水入渗补给量为主，占总补给的50%~85%；而西北诸河区平原以地表水体入渗补给量为主，占总补给量的70.7%[3]。

（4）水资源总量

水资源总量，主要由地表水资源量和地下水资源量两部分组成。2023年，全国水资源总量为25782.5亿 m^3，比多年平均值偏少6.6%，比2022

年减少 4.8%。其中，地表水资源量为 24633.5 亿 m³，地下水资源量为 7807.1 亿 m³，地下水与地表水资源不重复量为 1149.0 亿 m³。全国水资源总量占降水总量的 42.4%，平均单位面积产水量为 273 万 m²/km[3]。

（5）用水消耗量

2023 年水资源一级区主要用水指标见表 1-2，全国用水消耗量为 3201.7 亿 m³，耗水率为 54.2%。其中，农业用水消耗量为 2421.5 亿 m³，占总消耗量的 75.6%，耗水率为 65.9%；工业用水消耗量为 215.8 亿 m³，占总消耗量的 6.7%，耗水率为 22.2%；生活用水消耗量为 352.6 亿 m³，占总消耗量的 11.1%，耗水率为 38.8%；人工生态环境补水耗水量为 2118 亿 m³，占总消耗量的 6.6%，耗水率为 59.8%[3]。

表 1-2　2023 年水资源一级区主要用水指标

区域	人均综合用水量/m³	国内生产总值用水量/(m³/万元)	耕地实际灌溉亩均用水量/m³	人均生活用水量/(L/d)	人均居民生活用水量/(L/d)	工业增加值用水量/(m³/万元)
全国	419	46.9	347	177	125	243
松花江区	766	137.1	368	137	102	43.4
辽河区	379	55.9	232	164	114	16.2
海河区	249	28.5	161	130	93	11.6
黄河区	316	41.3	258	128	93	11.8
淮河区	283	34.9	215	134	102	12.8
长江区	438	45.3	408	202	139	42.5
（太湖流域）	(502)	(27.8)	(450)	(249)	(152)	(51.2)
东南诸河区	312	25.2	457	205	137	12.7
珠江区	369	41.7	688	226	159	19.5
西南诸河区	504	92.4	409	159	113	26.3
西北诸河区	2146	285.3	497	191	153	19.3

1.1.2　工业用水现状

1.1.2.1　我国工业用水状况

目前，我国工业用水量占到全国总用水量的 20% 以上，并且呈持续增长状态。具体地说，我国工业用水存在的问题主要表现在：

① 用水矛盾日益突出，用水效率呈现与经济发达程度高度相关的区域性差异。随着工业经济的快速增长，近年来水资源供求矛盾日益突出，区域工业经济发展格局与水资源禀赋之间存在一定的错位，区域性缺水问题进一步

显现，部分地区出现了工业用水紧张，甚至企业高价买水现象。

② 工业用水量大，而且用水量增长速度快，特别是重化工业。火力发电、钢铁、石油化工、建材、造纸、汽车、造船等产业，大部分具有大运载量、大耗水量、大耗电量、大进大出的特征。

③ 用水趋向集中化、规模化，企业节水空间巨大。火力发电、纺织、石油化工、造纸、冶金等行业，用水量超过工业总用水量 50%。而且工业供水方式从原先众多分散、小规模的工业供水向以工业园区为代表的大规模、高保证率的集中供水转变，使用自备水明显减少，部分工业园区日供水规模已超过中小型城市生活供水规模。但目前工业园区普遍存在供水形式、供水质量单一的问题，不能满足不同工业项目不同的水质要求。大型耗水企业用水比例上升，部分新上企业规模与用水量巨大，迅速成为所在地用水大户。同行业门类的工业企业之间用水效率参差不齐，大部分企业未采用节水设备与节水工艺，工业节水潜力很大。

④ 水环境日益恶化，工业污染防治有待加强。我国废污水达标排放要求低，经处理达标废水水质仍劣于 V 类水平，需要大量清水稀释才能可持续利用。而且从各地未来产业布局动向上看，不少地区仍将高污染的纺织、化工等作为支柱产业[4]。从我国工业废水污染物排放分布情况（图 1-1）来看，农副食品加工业工业废水污染物排放量排第一位；第二是造纸；第三是纺织业、化学原料[5]。

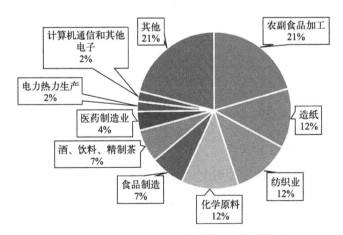

图 1-1 中国工业废水污染排放占比分布情况

中国的高耗水行业主要包括火力发电、钢铁、纺织、造纸、石化和化工等。这些行业在生产过程中需要大量的水资源，对水资源的需求尤为显著。

（1）火力发电行业

随着我国电力装机容量的不断增大，电力工业的耗水量也快速上升。我国火力机组发电量占总发电量的80%以上，火力发电是我国取水量最大的行业之一，节水工作的开展与否直接影响电力企业的生产经营和持续发展。我国火力发电行业2023年用水量为521.05亿 m^3，占工业用水的44.3%；火电消耗水量为53.05亿 m^3，占工业总耗水量的4.5%；火电工业用水重复利用率为69.5%，还不及发达国家平均工业用水重复利用率75%的水平。随着火电装机容量和发电量的增加，全国火力发电厂用水量有所增加，但工业用水重复利用率逐年提高，单位发电量耗水率逐年降低，因此我国火电工业节水潜力巨大。表1-3列出了我国火电装机发展规划与节水规划目标。

表1-3　火电装机发展规划与节水规划目标

序号	指标名称	年度				
		2000	2002	2005	2010	2020
1	全国发电总装机/($\times 10^4$ kW)	31933	35657	44554	66600	95000
	火力发电总装机/($\times 10^4$ kW)	23752	26555	35352	48463	61500
	火力发电量/($\times 10^8$ kWh)	11079	13522	19444	25443	30750
2	淡水总用水量/($\times 10^8$ m^3)	1428.4	1662.8	2352.7	3053.2	
	重复用水量/($\times 10^8$ m^3)	963.5	1147.3	1645.5	2157.1	
	重复利用率/%	67.5	69.4	69.9	70.6	
3	淡水用水量/($\times 10^8$ m^3)	464.9	509.4	707.2	896.1	
	淡水取水量/($\times 10^8$ m^3)	46.6	47.8	59.9	72.5	77.5
	直接冷却淡水用量/($\times 10^8$ m^3)	418.3	461.6	647.3	823.6	
4	直接冷却海水用量/($\times 10^8$ m^3)	186.2	271.0	321.4	407.2	
5	废水排放总量/($\times 10^8$ m^3)	15.3	14.4			
6	单位发电量取水量/(kg/kWh)	4.20	3.54	3.08	2.85	2.52
	单位发电量用水量/(kg/kWh)	41.96	37.67	36.37	35.22	
	单位发电量废水排放量/(kg/kWh)	1.38	1.06			
	平均装机耗水率	0.93	0.79	0.68	0.63	0.56
7	工业产值取水量/(m^3/万元)	140	110	80	70	55
	工业产值用水量/(m^3/万元)	1400	1175	955	880	
8	火电取水节水量/($\times 10^8$ m^3)	基准年	8.92	21.78	34.35	51.66

（2）钢铁行业

钢铁生产涉及多个环节，包括炼铁、炼钢、轧钢等，这些环节都会产生大量的废水。钢铁废水通常含有重金属、悬浮物等污染物，处理难度较大。近年来，随着环保政策的加强和技术的进步，钢铁行业废水排放量有所减少，但仍然是工业废水排放的重要来源之一。

（3）纺织行业

纺织行业在生产过程中需要进行大量的水洗、印染等作业，这些作业都会产生废水。纺织废水通常含有染料、助剂等有机物和重金属等污染物，对环境和人体健康有一定危害。随着环保意识的提高和技术的进步，纺织行业也在加强废水处理和管理。

（4）造纸行业

造纸行业在生产过程中会产生大量的制浆废水、漂白废水和造纸白水等。这些废水含有高浓度的有机物、悬浮物和色素等污染物，处理难度较大。近年来，造纸行业在废水处理方面取得了一定进展，但废水排放量仍然较大。

（5）石化和化工行业

石化和化工行业在生产过程中涉及多种化学反应和物质分离过程，这些过程都会产生废水。石化和化工废水通常含有多种污染物，包括有机物、无机盐、重金属等，处理起来相对复杂。随着环保政策的加强和技术的进步，石化和化工行业也在加强废水处理和管理[6]。

1.1.2.2 节水政策

水是事关国计民生的基础性自然资源和战略性经济资源。人多水少，水资源时空分布不均是我国的基本水情。解决水资源短缺问题，节水是根本出路。

党中央、国务院高度重视节水工作。习近平总书记开创性提出"节水优先、空间均衡、系统治理、两手发力"的治水思路，把节水优先放在首位。习近平总书记指出，推进中国式现代化，要把水资源问题考虑进去；从观念、意识、措施等各方面都要把节水放在优先位置；要坚持以水定城、以水定地、以水定人、以水定产，把水资源作为最大的刚性约束，合理规划人口、城市和产业发展，坚决抑制不合理用水需求，大力发展节水产业和技术，大力推进农业节水，实施全社会节水行动，推动用水方式由粗放向节约集约转变。

随着国家发展改革委、水利部《"十四五"节水型社会建设规划》的颁布实施，绿色发展和可持续发展的深入推进，未来将更加突出"生态优先，绿色发展"的理念，形成节约资源和保护环境的产业结构和生产方式。2020年起，各省市相继颁布《节水行动实施方案》《能耗"双控"预算管理实施方案》《重点用能单位节能管理办法》等，健全完善节水工作组织协调机制，统筹协调推进节水行动。内蒙古自治区工业和信息化厅 2021 年工作安排中明确提出，推进工业节水，重点在黄河流域推进冶金冷轧废水深度处理回用、化工和纺织高盐废水结晶分盐、高温凝结水回收利用，食品加工高糖高氮废水处理、循环冷却水零排放，制药污水膜法处理及回用节水改造。

《节约用水条例》于 2024 年 3 月 9 日正式公布，自 2024 年 5 月 1 日起实施。其中《节约用水条例》第二十七条提出，工业企业应当加强内部用水管理，建立节水管理制度，采用分质供水、高效冷却和洗涤、循环用水、废水处理回用等先进、适用节水技术、工艺和设备，降低单位产品（产值）耗水量，提高水资源重复利用率。高耗水工业企业用水水平超过用水定额的，应当限期进行节水改造。工业企业的生产设备冷却水、空调冷却水、锅炉冷凝水应当回收利用。高耗水工业企业应当逐步推广废水深度处理回用技术措施[7]。

当前节水产品制造、节水技术研发、节水工艺改造、节水服务咨询等成为节水产业的主要内容，规模不断扩大，已成为新质生产力和绿色经济的重要组成部分。国家鼓励推动节水、水处理领域设备更新，重点用水产品以旧换新，持续提升工业、农业和城镇生活各领域用水效率。

1.2 收水器发展历程

随着现代工业的急速发展，快速增长的用水量和淡水资源之间的矛盾越发严峻，实现经济可持续发展体制必须采用节约用水的措施解决此矛盾。对于大型发电厂来说，其消耗水量是相当大的。大量的冷却水是发电厂的主要供水所需，其供水系统早前主要为直流供水。然而，当今的用水资源十分短缺，国家为节约用水实施了许多保护政策使得供水方式发生改变，大部分火力发电厂已经开始采用循环供水的供水方式。电厂的总消耗水量中循环冷却水的消耗量相当大，大约占据了电厂的百分之七十以上的总消耗水量，在节水中起着关键性的作用。在正常条件下，冷却塔的循环水总水量消耗的原因主要是风吹损失、排污损失和蒸发损失等[8]。

冷却塔内的气水交换十分剧烈，气流直接排放到大气中会产生大量的水蒸气，在此过程中消耗水量会增加并对周围环境有污染[9]。收水器的主要功能是截取冷却塔内的水量，收水器装设位置如图 1-2 所示，用来除去气流中所夹带的部分液滴，它的作用主要包括以下几个方面。

① 回收水分：它能够回收被加热后蒸发的水分，这些水分在冷却过程中形成的热蒸汽中含有大量细微水滴。通过收水器，这些水滴被捕获并返回冷却系统循环利用，从而节约水资源[10]。

② 防止水雾污染和结冰：收水器能有效减少冷却塔排出的湿热空气中携带的水滴量，防止这些水滴对周围环境造成水雾污染或在低温环境下形成结冰现象，保护环境。

③ 减少液态水和循环水中药剂的损失：通过减少飞水现象，收水器不仅避免了液态水的损失，还减少了循环水中添加剂或处理药剂的损失，确保了冷却系统的化学平衡和效能。

④ 提高冷却效率：收水器通过阻挠和吸收热气流中的水滴，使热空气得到更高效的冷却效果，这有助于提高整个冷却塔的工作效率和性能[11]。

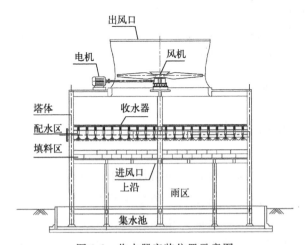

图 1-2 收水器安装位置示意图

1.2.1　收水器材料发展历程

冷却塔收水器材料的发展历程经历了从简单到复杂、从单一到多样、从传统到现代的转变。随着工业技术的进步和材料科学的发展，收水器的材料性能不断提高，种类也不断丰富。

1.2.1.1　早期阶段

早期，冷却塔中并未专门设置收水器，因为那时的技术水平和工艺要求相对较低。然而，随着工业生产规模的扩大和冷却塔技术的进步，人们开始意识到减少冷却塔风吹损失的重要性，于是逐渐发展出了各种形式的收水器。

收水器的出现可以视为冷却塔技术发展的一个产物，其目的是捕获并回收随气流带出的细小水滴，从而减少水资源的浪费和环境污染。随着材料科学、制造工艺以及设计理念的不断发展，收水器的材料和结构也在不断优化，以适应不同工况和环境下的使用需求。

初期的收水器通常由金属、木材或混凝土制成。这些收水器主要用于基础的汽水分离和冷却作用，结构设计相对简单，功能单一。此阶段的收水器材料主要满足基本的收集水滴功能，但在长期使用过程中，容易出现腐蚀、老化等问题，影响收水效果和使用寿命[12]。

（1）木制收水器

木材是天然的可再生材料，资源丰富且易于获取，早先不像某些金属那样受到稀缺性的限制；相比于金属等其他材料，木材通常成本较低，处理和加工也相对简单，因此制造成本较低；此外，木材具有良好的隔热性能，对于一些温度变化不剧烈的应用场景，如一些低温工艺中的收水器，其隔热效果可被利用。

但是，木材容易受到水分、霉菌、真菌和昆虫的侵蚀，特别是在潮湿环境或暴露在水中时，容易腐朽或变形，导致使用寿命较短；在长期受潮或热胀冷缩的情况下，容易发生变形和产生裂纹，影响收水器的使用效果和外观；由于木材容易受损，不适宜在高温高压条件下运用到收水器。

早期的木制收水器虽然在成本和轻量化方面具有一定优势，但由于其耐久性和使用条件的限制，逐渐被金属和后来的合成材料所取代，特别是在要求更好耐久性和更严格操作条件的工业环境中。

（2）金属收水器

金属收水器具有较高的机械强度和较好的耐久性，能够承受较大的工作压力和温度变化；具有良好的热传导性能，能够有效地将热量从热水汽传递到冷却介质（如空气或冷却水）中，提高冷却效率；在不同的工业环境中都能够广泛应用，如化工厂、电厂等，能够满足各种工艺要求。

但是，金属收水器容易受到化学物质的侵蚀和腐蚀，特别是在一些腐蚀性介质和高湿度环境下，其寿命较短。其质量较大，运输、安装和维护过程中可能会增加成本和工作复杂度，还难以设计复杂的结构和几何形状，限制了其在一些特定工程中的应用[13]。

（3）混凝土收水器

混凝土具有优秀的耐久性，能够抵抗化学物质的侵蚀和环境的变化，适合于长期浸泡在水中或暴露在潮湿环境下的应用。混凝土的原材料普遍，制造成本相对较低，而且维护成本也相对较低，适合大规模生产和应用。

混凝土通常比较重，在运输、安装和维护过程中需要额外的工作和支持设施，增加了操作复杂性。混凝土因硬度和内部构造易受到温度变化和应力影响而易产生开裂，特别是在长期使用和高压力环境下。与其他材料相比，混凝土收水器的施工周期较长，需要等待混凝土的固化和硬化过程，还需定期的防水、涂漆或修复，因此在快速工程项目中可能不太适用。

（4）石棉水泥收水器

石棉本身具有良好的耐腐蚀性能和耐老化性，长期使用不易发生断裂，适用于高温环境，稳定性好。

石棉水泥收水器中含有石棉纤维，长期接触或吸入石棉纤维可能导致严重的健康问题，如硅肺和其他呼吸道疾病。石棉水泥收水器力学性能较差，容易在外力作用下破碎。随着环保意识的提升和对健康安全的重视，现代建筑和工程中已经逐渐淘汰了石棉材料，转向更为安全和环保的替代材料。

1.2.1.2　发展阶段

随着工业技术的进步和材料科学的发展，冷却塔收水器的材料逐渐得到革新。20世纪中后期，金属材料的防腐处理技术得到提升，使得金属收水器在耐用性和防腐性方面有了显著提高。同时，塑料等新型材料也开始被应用于收水器的制造。这一阶段的收水器材料更加多样化，能够满足不同工况和环境下的使用需求。

（1）改良后的金属收水器

改良后的金属收水器常用的材料主要有不锈钢、铝合金、镀锌钢等。

不锈钢具有较好的耐腐蚀性能，能够抵抗大部分化学物质和湿润环境的侵蚀；强度高，耐磨性好，不易变形，适合长期使用和重载条件下的应用；抗污性好，易于清洁；还可以回收再利用，符合环保要求。但是不锈钢相比其他金属，原材料和加工成本较高；另外，不锈钢密度高，使得收水器的质量相对较大，增加运输和安装的复杂性。

铝合金具有良好的强度和轻质特性，便于加工和搬运；表面能够自动形成氧化膜，增强其耐腐蚀能力，可以在一定程度上增加其使用寿命；原材料成本也适中。但铝合金的强度相对不锈钢较低，容易在高压力或重载条件下发生变形或磨损。

镀锌钢表面镀层能够有效抵抗大部分大气、水或化学物质的侵蚀；相比不锈钢和铝合金，镀锌钢的制造和维护成本较低；镀锌钢本身强度高，适合在高压力和重载条件下使用；易于加工和成型各种形状的收水器。

（2）塑料收水器

早期塑料收水器的材质主要有聚乙烯（PE）、聚丙烯（PP）、聚氯乙烯（PVC）、聚苯乙烯（PS）。

聚乙烯具有良好的耐腐蚀性和耐化学品性能，不易吸水，成本低廉，加工性好。但低温下脆性较大，耐老化性较差，易受紫外线影响。

聚丙烯耐化学腐蚀，具有较好的热性能和机械强度，价格适中。但高温膨胀系数较大，在高温环境下容易膨胀变形，耐老化性较差，易受紫外线和氧化影响，不能用于高温环境。

聚氯乙烯耐腐蚀，成本低，加工性好，有较好的耐候性，不易变形，阻燃性能高。在高温下容易软化，长期阳光暴晒下易老化变黄[14]。

聚苯乙烯包含高密度聚乙烯（HDPE）和低密度聚乙烯（LDPE）。高密度聚乙烯耐磨损、耐紫外线、耐酸碱腐蚀，但抗冲击性较差，不适合在极端寒冷地区使用。低密度聚乙烯短期内可承受低温，但耐久性差，容易变形和老化。

1.2.1.3 现代阶段

进入 21 世纪后，随着环保意识的增强和可持续发展理念的普及，冷却塔收水器的材料选择更加注重环保和可持续性。同时，随着材料科学的不断进步，收水器的材料性能也得到了进一步优化。一些先进的复合材料被应用于收水器的制造中，这些材料不仅具有优异的耐腐蚀性和耐用性，还具有良好的环保性能。此外，随着纳米技术的发展，一些具有特殊功能的纳米材料也开始被尝试用于收水器的表面处理，以提高其性能。在现代阶段，冷却塔收水器的设计和制造也更加注重智能化和定制化。通过引入先进的制造技术和智能化控制系统，可以根据用户的具体需求进行个性化定制，从而满足不同工况和环境下的使用需求。

（1）玻璃钢收水器

玻璃钢是一种复合材料，由玻璃纤维和不饱和聚酯和环氧树脂等基体树脂组成。它具有优异的耐腐蚀性、高强度和轻质特性，是一些高要求环境下的首选材料之一，能够承受复杂的工作条件和长期使用。玻璃钢以其轻质、高强度、耐腐蚀、良好的绝缘和隔热性能，在各个工业领域都有着广泛的应用[15]。

（2）ABS 等树脂材料收水器

ABS（丙烯腈-丁二烯-苯乙烯共聚物）材料的物理性能主要表现在高抗冲击性、高刚性、耐热和耐化学品性、高电绝缘性能、良好的表面亮度以及尺寸稳定性等方面。

（3）其他纤维增强复合材料收水器

纤维增强复合材料收水器通常采用纤维（如玻璃纤维、碳纤维等）与树脂基体［如 ABS、聚乳酸（PLA）等］复合而成。其优点在于轻质高强，具有较高的力学性能、导热性能和导电性能。此外，通过添加石墨烯等材料，还可以进一步提高其综合性能。

（4）聚合物混凝土收水器

聚合物混凝土收水器结合了混凝土的耐久性和聚合物的耐腐蚀性，能够抵抗化学物质、水腐蚀以及大气条件的侵蚀，长期使用不易受损或产生裂纹。相比于传统的混凝土结构，聚合物混凝土收水器更轻便，便于搬运、安装和维护，降低了施工和运输的成本。由于其可塑性强，可以根据实际需求进行定制设计，适应各种复杂的水流要求和工程环境。

与传统的混凝土收水器相比，聚合物混凝土收水器的制造成本较高，这在一定程度上限制了其在某些低成本项目中的应用。聚合物混凝土收水器在高温环境下容易软化变形，因此在高温应用场合需谨慎选择。

（5）改性材料收水器

纳米材料改性收水器利用纳米技术改性使收水器表面具有特殊的疏水性或导水性，能够有效地降低表面张力并加快水流的排放速度。

涂层改性收水器在传统材料表面添加特殊的涂层，如聚合物涂层、耐磨涂层等，以提高其表面的耐久性和防腐能力。这种收水器可以在不同的环境条件下使用，如化工厂、污水处理厂等。

1.2.2 收水器结构发展历程

1.2.2.1 双层木质百叶窗型收水器

收水器的形式很多，在 20 世纪 50 年代初期，收水器多采用双层木质百叶窗型，如图 1-3 所示，其通常由水平或斜角排列的木条构成，以便于排水。当含有水雾的气流通过双层木质百叶窗型收水器时，气流中的水滴会被百叶窗的叶片拦截并附着在叶片表面。由于双层结构的设计，水滴在通过第一层百叶窗后进一步被第二层百叶窗拦截，从而提高收水效率。百叶窗的开口方向和角度可以根据需要调整，以确保水能够顺利流入集水管或排水系统。为了防止叶片被杂物堵塞，通常设计有适当的间隙和斜度，使得较大的杂物能够顺利通过，同时能够有效地收集雨水或其他水源。但双层木质百叶窗型收水器容易腐烂，后来研究者为了解决这一问题，将其改进为石棉弧形收水器。

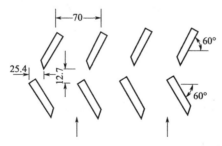

图 1-3　双层木质百叶窗型收水器示意图（单位：mm）

1.2.2.2 石棉弧形收水器

石棉弧形收水器通常采用弧形设计，如图1-4所示。当含有水雾的气流通过冷却塔并接触到石棉弧形收水器时，由于气流方向的改变和收水器表面的粗糙度，水滴会被有效拦截并附着在收水器表面。被拦截的水滴在重力的作用下，沿着收水器的弧形表面汇聚成较大的水滴，并最终流入循环水系统中。收水器的弧形设计不仅有助于拦截水滴，还能在一定程度上引导气流的流动方向。通过合理设计收水器的形状和排列方式，可以优化气流的流动路径，提高冷却塔的整体效率。其主体材料为石棉水泥板或石棉水泥管，这种材料具有出色的耐久性和长期的稳定性，能够抵抗日晒雨淋、化学腐蚀以及温度变化带来的影响。石棉水泥对于化学物质的抵抗能力较强，适合在需要耐腐蚀性能的环境中使用，如化工厂或污水处理设施；适用于各种气候条件和环境，无论是寒冷的冬季还是炎热的夏季，都能保持良好的性能。相对于一些高成本的改性材料，石棉弧形收水器的制造和安装成本通常较低，是一种经济实惠的选择。虽然石棉弧形收水器的设计和形状相对固定，但可以根据具体的工程要求进行定制设计，以满足不同的建筑和工程设计需求。由于石棉对人体有害，所以现在又被塑料和玻璃钢等其他材料所替代。

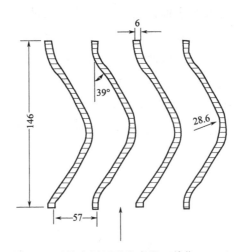

图1-4 石棉水泥弧形收水器（单位：mm）

1.2.2.3 蜂窝式收水器

蜂窝式收水器的结构如图1-5所示，由多波纹折板与平面折板交替粘接在一起，形成多个多维转折的三角形通道。这种结构构成了气流通道的空间多维转折立体结构，显著区别于传统收水器的单向单维导流方式。当含有水雾的气流通过冷却塔并接触到蜂窝式收水器时，水雾会由于气流方向的多次转折和碰撞而逐渐聚集并凝结成较大的水滴。这些水滴在重力的作用下，沿着收水器的折板结构逐渐向下流动，最终汇集并排出系统，从而实现了对冷却塔排出气流中水分的有效回收。收水器通常采用耐腐蚀、耐高温的材料制成，如不锈钢或特殊合金，以确保在恶劣的冷却塔环境中长期稳定运行。收水器的具体尺寸和配置可能因应用场景而异，但一般遵循能够最大化收水效率和气流均匀性的原则。蜂窝式收水器的结构设计使得气流在通过时能够保持较高的均匀性，减少了因气流分布不均而导致的局部过热或过冷现象。这种均匀性还有助于提高冷却塔的整体效率，降低能耗。蜂窝状结构可使通过收水器的压力损失大大降低。设计良好的蜂窝式收水器的净有效面积可超过95%。

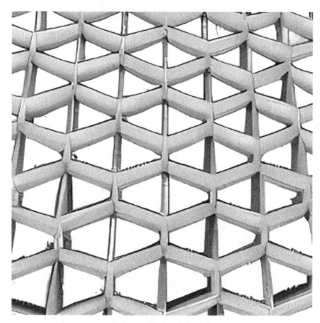

图 1-5　蜂窝式收水器

1.2.2.4　波纹板收水器

波纹板收水器主要是采用惯性将气流中的液滴隔离阻挡进行回收。当塔内的气流带着液滴进入收水器折板构成的弯曲通道后，气流继续上升。液滴颗粒由于惯性作用不能及时随气流改变方向，碰撞到收水器的折板壁面上被阻止而沿着壁面流回。

波纹板收水器结构如图 1-6 所示，这种收水器的主要作用是回收喷淋在铜管或填料外表的水构成的热蒸汽中的水分，实现水分的循环利用。此外，它还能减少冷却塔排出湿热空气中夹藏的许多纤细水滴漂移物，防止对周围环境的水雾污染和结冰，从而达到节水和保护环境的目的。目前波纹板收水器已广泛应用于国内的各种办公场所冷却塔，以及火电厂、钢铁厂、石油化工厂等工业部门机械通风及自然通风冷却塔。

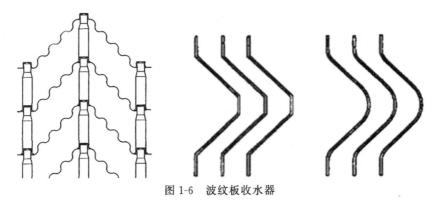

图 1-6　波纹板收水器

1.2.2.5　丝网收水器

丝网收水器是一种化工、石化行业中常用的气体液滴分离装置，如图 1-7 所示。一般由多层丝网叠加，形成多孔介质区域，利用多孔介质的过滤

图 1-7　丝网收水器

特性，过滤气体中夹带的小液滴。丝网收水器对小液滴有良好的脱除效果，但是通常比波纹板收水器压降高。结合这两种液滴分离装置的优点，以可接受压降和提高小液滴的脱除效果为目标，研究人员开发了一种泡沫金属材质的收水器——泡沫金属收水器，以期通过惯性和过滤共同作用达到在一定压降下实现细小液滴去除的目的。

1.2.2.6　圆柱导叶型收水器

本书所述新型旋流收水器即圆柱导叶型收水器。圆柱导叶型收水器结构比较复杂，如图1-8所示，它是由方形底板、圆柱形外罩以及叶片组合而成，方形底板主要起连接和固定作用，圆柱形外罩以及内部叶片能够改变叶片气流运动方向，从而拦截水滴起到节水作用。饱和湿空气在冷却塔中是平直气流状态，经过圆柱导叶型收水器时由于导叶的作用，空气变为旋转的湍流状态，离开收水器后，涡不会立刻消失，由层流变为湍流。这增大了液滴之间的碰撞概率，从而收集到波纹板无法收集到的水，因此圆柱导叶型收水器收水率比波纹板高。

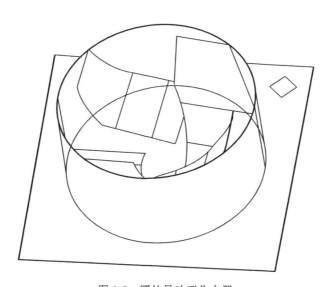

图1-8　圆柱导叶型收水器

1.3 冷却塔收水器的发展现状

1.3.1 冷却塔类型、耗水分析与节水方法

1.3.1.1 冷却塔类型

冷却塔是一种散热设备，应用领域十分广泛。冷却塔的形式很多，分类的根据也各不相同，如表 1-4 所示。如按热水和空气的流动方向分，有横流（交流）式冷却塔、逆流式冷却塔和混流式冷却塔三种；按热水和空气的接触的方式分，有干式冷却塔、湿式冷却塔和干湿式冷却塔三种；按通风方式分，有机械通风冷却塔、自然通风冷却塔和混合通风冷却塔三种，本章节主要按照通风方式介绍冷却塔[16-18]。

表 1-4 冷却塔分类

分类方法	分类
按循环水是否与空气直接接触分	密闭式冷却塔
	敞开式冷却塔
按通风方式分	机械通风冷却塔
	自然通风冷却塔
	混合通风冷却塔
按用途分	工业冷却塔
	民用冷却塔
按热水和空气的接触方式分	干式冷却塔
	湿式冷却塔
	干湿式冷却塔
按热水和空气的流动方式分	横流（交流）式冷却塔
	逆流式冷却塔
	混流式冷却塔
按噪声级别分	普通型冷却塔
	低噪型冷却塔
	超低噪型冷却塔
	超静音型冷却塔
其他形式	喷流式冷却塔
	无风机冷却塔
	双曲线冷却塔

（1）机械通风冷却塔

机械通风冷却塔由风机、塔体、填料、收水器、百叶窗等组成。冷却塔没有高大的风筒，塔内空气流动不是靠塔内外空气密度差产生的抽力，而是靠风机形成的。机械通风冷却塔具有冷却效果好、运行稳定的特点，是使用最为广泛的一种冷却塔。机械通风冷却塔按结构分为逆流式、横流式、蒸发式和引射式，通常后三者的外形以方形为主，前者则有方形和圆形两种外形。机械通风冷却塔按其热工性能可分为三个系列，即标准系列，其进水温度为37℃，出水温度为32℃；中温系列，其进水温度为40℃，出水温度为32℃；高温系列，其进水温度为60℃，出水温度为32℃[19]。

① 逆流式冷却塔。逆流式冷却塔如图1-9所示，空气从底部进入塔内，与水流方向相反而进行热交换。当处理水量在100t/h（单台）以上时，宜采用逆流式。其优点是热交换性能好。缺点是塔体较高、配水系统较复杂。逆流式冷却塔以多面进风的形式使用得最为普遍。

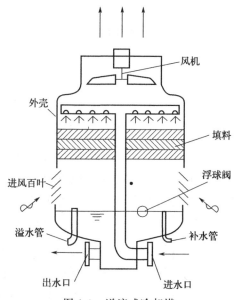

图1-9 逆流式冷却塔

② 横流式冷却塔。横流式冷却塔如图1-10所示，空气横向进入塔内进行换热。其优点是体积小，高度低，结构和配水装置简单，空气进出口方向可任意选择，有利于布置。当处理水量在100t/h（单台）以下时，采用横流

式较为合适。缺点是填料利用效率差，热交换比逆流式冷却塔低。

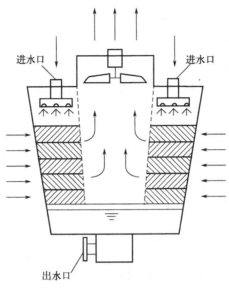

图 1-10　横流式冷却塔

③ 蒸发式冷却塔。蒸发式冷却塔如图 1-11 所示，其热交换原理与上述几种冷却塔是完全不同的。当冷却水进入冷却塔中的盘管后，循环管道泵（水泵）同时运行抽取集水池的水，经布水口均匀地喷淋在冷却盘管表面，室外空气在冷却风机作用下送至塔内使盘管表面的部分水发生蒸发而带走热量。空气温度较低时，空气可以和盘管进行热交换而带走部分盘管的热量，从而使盘管内的冷却水得到冷却。因此可以看出：它的传热实际上是两个过程：首先是空气与循环水的直接热湿交换，然后才是循环水蒸发过程中与冷却水通过盘管进行间接式热交换。这是一个利用"蒸发冷却"原理进行冷却的典型例子，第一个过程与空气的湿球温度有关，第二个过程与盘管的构造和特性有关。

蒸发式冷却塔的一个主要优点就是冷却水系统为一个全封闭系统，对

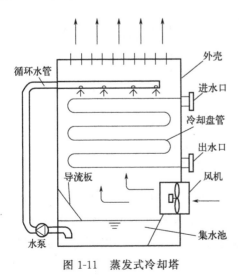

图 1-11　蒸发式冷却塔

水质的保证性较好，不易被污染，杂质也不会进入冷却水系统之中。另一个优点是在室外气温较低时，可以把它变成一个蒸发冷却式制冷设备，使冷却水可以直接当作空调系统的冷冻水使用，从而减少冷水机组的运行时间。

④ 引射式冷却塔。引射式冷却塔如图 1-12 所示，其最大的特点是取消了冷却风机，而采用较高速的水通过喷水口射出的方法，从而引射一定量的空气进入塔内进行热交换而冷却。因此，喷水口及喷射的水流特性是影响其冷却效率的关键因素。由于没有风机等运转设备，因此此塔的最大优点是可靠性高、稳定性好、噪声比其他类型的冷却塔低。缺点是设备尺寸偏大，造价相对较高。同时，由于射流流速的要求，需要较高的进塔水压。

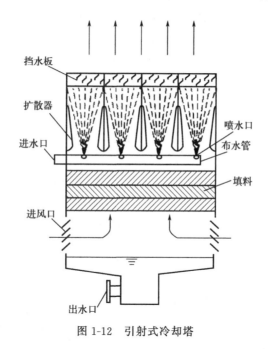

图 1-12　引射式冷却塔

（2）自然通风冷却塔

自然通风冷却塔是靠塔内外的空气密度差或自然风力形成的空气对流作用进行通风的。自然通风冷却塔一般淋水装置设在冷却塔筒身内部、空气自下而上，与淋水流向相反，称逆流通风。也有淋水装置设在塔下部筒身外边、空气横向流过淋水再进入筒身的冷却塔，称横流通风。淋水有点滴状和薄膜状两种。大型自然通风冷却塔多用钢筋混凝土建造，外形大多为双曲线筒型。自然通风运行费用最低，但基建投资较高，主要分为类似于喷水冷却池的开放式冷却塔和具有较高通风筒的风筒式冷却塔两种类型[20]。

① 开放式冷却塔。开放式冷却塔如图 1-13 所示,其工作原理是,通过将空调冷却水直接喷淋到冷却塔填料上,使水与空气直接接触,同时由风扇带动冷却塔内气流流动,从而达到蒸发冷却的目的。开放式冷却塔设备简单,维护方便,造价低廉,适用于气候干燥、具有稳定较大风速的地区,并且对冷却后的水温要求不太高的场合。开放式冷却塔由于电机是暴露在空气中的,因此,运行时的噪声比较大;由于是开放式系统,冷却塔在运行的时候,会产生飘水现象,造成水量损失,要经常补水,同时一定程度上也会污染冷却水,使其水质下降,而且外界的杂物也会进入冷却水中,造成水质污染;开放式冷却塔的冷却水压力损失要高于闭式冷却塔。

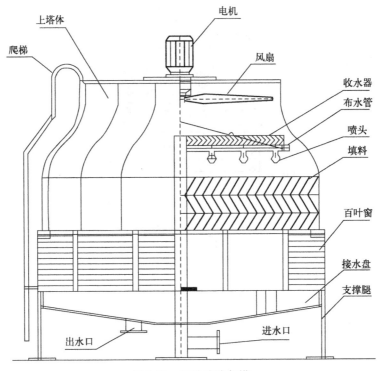

图 1-13　开放式冷却塔

② 风筒式冷却塔。风筒式冷却塔如图 1-14 所示,其为具有双曲线、圆柱形,多棱形等几何线形的一定高度的风筒(通风筒)的冷却塔,目前采用的冷却塔身构筑物多为有利于自然通风的双曲线形无肋无梁柱的薄壁空间结构,多用钢筋混凝土制造。冷却塔通风筒主要包括下环梁、筒壁、塔顶刚性

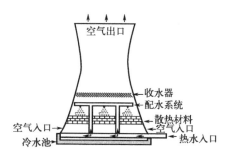

环三部分。下环梁位于通风筒筒壁的下端，通风筒的自重及所承受的其他荷载都通过下环梁传递给斜支柱，再传到基础。筒壁是冷却塔通风筒的主体部分，它是承受以风荷载为主的高耸薄壳结构，对风十分敏感。其壳体的形状、壁厚，必须经过壳体优化计算和屈曲稳定验算，是优化计算的重要内容。塔顶刚

图 1-14　风筒式冷却塔

性环位于筒壁顶端，是筒壁在顶部的加强箍，它加强了筒壁顶部的刚度和稳定性。双曲线型的风筒式冷却塔比开放式冷却构筑物占地面积小，布置紧凑，水量损失小，且冷却效果不受风力影响，它又比机械通风冷却塔维护简便，节约电能；但体形高大，施工复杂，造价较高，多用电动滑模。

（3）混合通风冷却塔

混合通风冷却塔如图 1-15，其外形与双曲线冷却塔相似，包括收水器、喷淋系统、填料、集水池等结构。此外混合通风冷却塔还配备风机，通过强制通风提高冷却塔的冷却效果，因此也被称为风扇辅助的自然通风塔。

图 1-15　混合通风冷却塔

1.3.1.2 冷却塔耗水分析与节水方法

（1）冷却塔耗水分析

冷却塔运行过程中耗水可分为四部分：蒸发损失、风吹损失、排污损失和渗漏损失。

① 蒸发损失。蒸发损失是指在冷却塔配水区中从喷头出来的循环水流经淋水填料后降落到塔底池的过程中，循环水与空气进行热交换，均以分子状态散发到空气中用于空气增湿的水量。蒸发损失是冷却塔耗水的主要部分之一，其大小受到多种因素的影响。

环境温度和湿度：环境温度和湿度是影响蒸发损失的重要因素。温度越高，湿度越低，蒸发速率就越高，导致蒸发损失增加。

冷却塔的设计和操作方式：冷却塔的设计和操作方式会影响到水与空气的接触程度，进而影响蒸发损失。例如，增加冷却塔的填料表面积、提高空气流速等都可以减少蒸发损失。

冷却介质的温度和流量：冷却介质的温度和流量直接影响到与冷却水接触的热量，从而影响蒸发损失的大小。

② 风吹损失。风吹损失也称飘滴损失，是指循环水在冷却塔内的淋配水中，因为风筒的抽力作用而被空气流吹出塔外的小水滴。伴随着冷却水量的改变，风吹损失也不断变化。风吹损失通常在自然通风冷却塔中较为明显，尤其是在强风条件下。风吹损失的大小与风力强度、冷却塔的结构设计以及填料类型等因素有关。这部分水量损失约占循环水量的 $0.2\% \sim 0.5\%$，且对散热几乎不起什么作用，所以应尽量避免。

③ 排污损失。在整个运行过程中，循环冷却水逐渐地被蒸发，但其中的离子却保留下来。由于水中的溶解盐随着蒸发过程逐渐地浓缩，致使盐分浓度增加，为了降低这一浓度，在实际过程中必须使部分冷却水被释放，这就是排污损失。排污损失不仅导致水资源的浪费，还可能对环境造成污染。因此，对排污损失进行有效控制和处理十分重要。

④ 渗漏损失。冷却塔系统中的管道、阀门、接头等部件可能存在一定程度的渗漏，导致水的损失，这就是渗漏损失。渗漏损失通常是由设备老化、材料磨损或安装不当等原因造成的。及时发现并修复渗漏点可以有效减少渗漏损失，减轻水资源的浪费[21]。

（2）冷却塔常用节水方法

① 减少蒸发损失。在整个循环水系统中，耗水量较大的是蒸发损失，这部分水损失为循环水总量的 1.2%～1.6%，占电厂耗水总量的 30%～55%，是电厂最大的一项耗水指标。

减少蒸发损失的方法有许多，一种节水思路是降低冷却塔收水器上方饱和湿空气的温度从而凝结并回收部分水蒸气，以此达到节水的目的。比如利用固定或悬吊的形式在冷却塔塔筒内，把笛管式播撒器加装在其中，使其在冷却塔塔筒内的中部均匀地播撒冷凝剂，使水蒸气形成水滴。但是冷凝剂不能循环利用，成本太高，因此要在塔内长期使用此种方法来实现冷却塔节水暂时还是不现实的[8]。

② 减少风吹损失。对于风吹损失的降低，解决的方法是在冷却塔风筒进口处加装收水器，其原理是当含水滴的湿空气向上运动时，遇到收水器而被遮挡滑落，从而达到节水的目的。一般安装收水器后，其损失比未安装收水器时的循环水量要少很多。比如应用高效低阻的除雾收水器，节水量至少可提高百分之十，并使水滴飘逸现象明显减少，因此很多研究者对此开展了研究。

③ 减少排污损失。浓缩倍数的增加是降低排污损失，并最终实现冷却塔节水的重要途径。《工业循环冷却水处理设计规范》对循环水浓缩倍数有明确的定义，即循环冷却水的含盐浓度与补充水的含盐浓度之比值。水的重复利用率的高低与节水的水平都是由浓缩倍数决定，浓缩倍数越大，表明水重复利用率越高，排污量越少，补充水量也会相应减少。也就是说，最大限度地实现节水的方法是提高浓缩倍数。

当今，很多的学者针对提高浓缩倍数以减少循环水耗水量做了大量的工作。在此基础上，不仅使得冷却塔尽可能优化，而且对管理制度进行了改革，减少了各种危害现象的发生。但是浓缩倍数不是越大越好，浓缩倍数过大，节水效果反而会降低，并且浓缩倍数持续增加，导致对杀菌剂、水质处理剂、系统的设施及管理等要求越来越严格，从而使得腐蚀、黏泥沉积等现象不断增加，并导致微生物生长。为了实现有效资源最优化利用，选择科学合理的浓缩倍数是非常关键的。浓缩倍数的选择会受到很多外在和内在的影响，大量的因素诸如当地的水质条件、设备运行状况、水质处理技术、投资成本、设备设施、可行性等必须考虑在内。

④ 其他节水措施。

a. 空冷技术。空冷技术的使用在相当大的程度上可以减少发电厂的耗水量。发电厂冷却塔有湿冷技术和干冷技术之分，空冷技术属于后者。热交换是湿式冷却塔最常利用的方法，把冷却塔内以"淋水"方式出现的循环水直接与空气接触，导致其接触范围内呈现"湿"的状态，所以冷却系统称为湿冷系统。与之相比，空冷塔的循环水是利用散热器与空气间接接触，出现与"湿"的状态相反的"干"的状态，所以干冷塔（干式冷却塔）是空冷塔的另一种说法。

因为干式冷却塔中的散热翅管内外存在温差，使其接触传热被冷却，从而干式冷却塔异于一般冷却塔中存在的水损失，使得发电厂耗水大大降低。干冷技术发电厂一般机组节水量远远大于湿冷技术发电厂机组。

采用空冷技术能最大限度地实现发电厂节水，但是采用空冷技术也会出现许多状况亟待解决。首先，接触传热会产生两方面的影响，即冷却水温增高与冷却效率降低，增加了供电煤耗；其次，空冷塔中的金属管数目大且价格高昂，其初建成的总投资比其他冷却塔多；再者，空冷塔的效率在一定程度上会受到大风等环境因素的影响。位于南非的马延巴发电厂，其空冷机组由于建立时缺少更多的相应技术的支持，虽然考虑了侧风环境的影响，但是由于环境风速的程度不满足需求，在运行过程中出现了多次事故。我国北方地区，有些发电厂年平均风速很不稳定，相对于南方环境条件困难很大，因此想要安全运行空冷机组还有许多有关风的问题需要研究。

由于一些不利因素，空冷塔不能广泛应用，我国目前只在山西大同和太原等"富煤缺水"的地区采用空冷塔。在其他有条件的地方，仍然以湿冷塔（湿式冷却塔）为主。

b. 污水回用技术。由湿冷塔导致的蒸发、风吹和排污损失的产生，使得循环水系统必须及时补充水量。一般条件下，以地下水或地表水作为循环水的补水水源，但在日益匮乏水资源情况下，很多电厂为了解决节流和开源的关系问题，都在积极寻找新的补水水源。将污水回收用作冷却塔补水成为解决这一问题的关键，这种污水回用技术起到了比较好的环保和经济效益，即节约了地下水和降低了环境被污水污染的影响。

污水回用技术一直被许多国家和地区利用，特别是在一些严重缺水的国家和地区。20 世纪 30 年代以来，美国的部分发电厂，陆续利用城市污水作为循环冷却水的补充水，例如佛罗里达的发电厂、新泽西州的联合循环发电厂以及亚利桑那州的核电项目等。有的发电厂把冷却塔排污水处理后直接补充进冷却塔，还有些发电厂的补充水是收集较洁净的屋面雨水，有些发电厂还串级使用相邻冷却塔间的排污水。

近年来，我国不少研究者针对污水回用技术探讨出了许多方法。齐鲁石化把经过相应工艺处理后的生活污水、养鱼塘排水等废水作为冷却塔的补充水，华能北京热电厂将通过二级处理的城市污水作为冷却塔补充水，菏泽电厂将生活污水经过一系列工艺处理后当作冷却塔补充水。

对于电厂循环冷却水系统来说，利用社会、经济和环境效益比较大的污水回用技术，一方面减轻了污水直接排放过程中对环境的污染，另一方面节约了新鲜水的用量。但是污水回用技术只是节约了冷却塔补水的新鲜地下水，没有从冷却塔水损失的根本入手解决问题。

1.3.2　收水器存在的问题及解决方法

1.3.2.1　收水器对冷却塔压降和换热的影响

一般认为，收水器的设置将导致冷却塔的压降额外增加，能耗增加，同时还会使冷却塔换热区域增加，对冷却塔的总体换热性能产生影响。收水器压降导致的能耗增加是收水器研究中亟待解决的问题，自然塔对收水器压降的增加更加敏感。有学者通过实验研究了 T 型和 Z 型收水器对冷却塔性能的影响，结果显示 T 型收水器有助于增强风机系统性能和冷却塔热力性能，而 Z 型收水器恰恰相反。T 型收水器的最佳角度是 45°。收水器的性能评价应考虑整个冷却塔的性能表现，才能得到正确的结果。还有学者使用截面 0.7m×0.48m 的机力模拟塔研究了不同配水系统和收水器对热力性能的影响。有学者认为收水器设置增加了压降，但是不一定降低冷却塔的热力性能，因为收水器的存在增加了额外的填料换热区域。

1.3.2.2　海水冷却塔收水器盐沉积问题

随着沿海工业的快速发展以及环境保护压力的加大，海水循环冷却技术已成为沿海地区节约淡水资源、降低海洋热污染的有效途径。但海水冷却塔作为海水循环冷却系统的关键设备，与淡水塔相比，在防腐蚀、防盐沉积和防盐雾飞溅等诸多方面有更为苛刻的要求。随着自然通风海水冷却塔的应用推广，专用的海水冷却塔收水器将是解决飘滴盐沉积的重要手段。国内冷却塔收水器的研究与国外有较大差距，特别是海水冷却塔专用收水器研究。由于国内对于冷却塔飘滴特别是海水冷却塔飘滴引起的盐沉积问题普遍重视程度不够，对海水冷却塔特殊性认识不足，很多企业采用普通淡水冷却塔收水器控制海水冷却塔飘滴，导致海水冷却塔盐沉积问题；对于海水冷却塔环境影响缺少评价依据，海水冷却塔飘滴数值无强制性规定，企业只能通过增加周边设备防腐，而非通过收水器控制飘滴角度解决盐沉积问题。收水器发展面临的主要困境是基础研究和飘滴盐沉积问题重视不够。为了解决这些问题，需从环境影响基础研究入手，逐步推进相关标准编制，使企业认识到海水冷却塔收水器的特殊性，采用海水冷却塔专用收水器；对于收水器的研究侧重于整个冷却系统配合的综合表现，实现系统最优化。

1.3.2.3 冷却塔收水器耐候性问题

当前收水器技术在极端气候适应性、长期稳定性等方面面临着一些挑战，极端气候条件（如高温、高湿、低温等）可能影响收水器的性能和效率。例如，在极低温环境下，设备可能因结冰而损坏或失效。收水器的材料和设计需要能够适应不断变化的环境条件，包括温度波动、湿度变化等，这增加了设计和制造的难度。长期运行中，收水器可能会受到各种因素的影响，如水质变化、机械磨损、化学腐蚀等，这些都会影响设备的稳定性和寿命。为保证长期稳定运行，收水器需要采用高质量的材料和零部件，并进行定期的检查和维护。为了应对这些挑战，收水器制造商和研究人员正在努力进行技术创新和改进。这包括开发更先进的材料和技术，以提高设备的适应性和稳定性；优化设计以减少维护需求；以及采用智能化控制系统来提高运行效率和降低成本。

1.3.2.4 冷却塔收水器创新性不足

冷却塔收水器研发力量不足，至今未建立起完整的收水器研发、测试、产业化全产业链研发体系，研发人才和资金匮乏，研发力量较弱；冷却塔设计加工企业倾向于使用多年前的老旧收水器设计，不能适应新情况下冷却塔的应用需求。随着计算流体力学（CFD）及测试技术的发展，通过CFD模拟和各种实验方法，对于收水器内部气液两相的流动理解更加深刻，基于内部流场的针对性优化使压降和收水效率得到了更好的均衡，未来将会有更多更好的收水器产生。针对自然塔、横流塔、逆流塔、海水冷却塔等专用领域的收水器将会有针对性研究，实现特殊场合的最佳应用。收水器向节水消雾等多功能领域发展将是一个重要研究方向，使湿式冷却塔在高效、低成本传热的同时，实现节水或淡化海水的目的，同时实现低品位废热的高效利用。

1.3.2.5　冷却塔收水器微小液滴损失严重问题

通过在冷却塔内安装波纹板收水器来减少水损失，此方法只可以截留回涡流中直径大于一定值的大液滴，很大一部分的微小液滴会随冷却塔内自然风进入大气中，造成一大部分的水损失，造成水资源浪费[22]。因此，在机械通风冷却塔收水器上部安装除水罩，本装置在改变进入收水器内湿热气流流向的同时对湿热气流中的飘滴和羽雾进行阻挡回流，使得原本扩散到大气中的飘滴和羽雾回流到冷却塔内部，从而达到节水目的，减少污闪事故的发生。

此外还可利用导流环网，导流环网根据机械通风冷却塔上方双曲线风筒进行设计。机械通风冷却塔上安装导流环网装置后，改变风筒出口流场，可以将向外涡流的湿热空气改变为向内涡流的形式，提高液滴碰撞的概率并促进液滴回落，从而提高节水率。在导流环网上打有特定形状和特定排布方式的孔洞，上升气流通过导流环网本体后会产生内卷的涡流，气体可以通过锥形孔跑出，水滴顺着内壁流入机械通风冷却塔内，达到节水效果[23]。

1.4　冷却塔收水器的发展方向

收水器的设置是冷却塔发展史上的一个重要事件，它代表了人类对于节水和环保的重视、人与自然和谐相处的一种理念，极大地推动了冷却塔技术的推广，未来将继续为冷却技术发展提供助力。基于现有技术水平和市场需求，未来收水器技术的发展方向可能包括可持续性设计、模块化以及个性化定制服务等。

（1）可持续性设计

在材料选择上，更加注重环保和可持续性，如使用可回收材料、低能耗设计等；在生产过程中，采用更环保的制造技术和方法，减少对环境的影响；提高设备的能效和资源利用率，减少运行成本和维护需求。

（2）模块化

设计模块化的收水器，使得用户可以根据需求选择不同的模块组合，以满足不同场景的应用需求。模块化设计还可以方便维护和升级，降低维护成本和延长设备寿命。

（3）个性化定制服务

提供个性化定制服务，根据客户的具体需求和场地条件，为其量身打造最适合的收水器方案；通过与客户的紧密合作，不断优化和改进产品，提高客户满意度。

（4）智能化与自动化

集成先进的传感器和控制系统，实现收水器的智能化运行和远程监控；通过数据分析和人工智能技术，优化运行参数，提高除水效率和节能效果。

（5）跨界合作与创新

与其他领域（如能源、建筑、农业等）进行跨界合作，共同探索新的应用场景和技术突破；鼓励创新思维和开放式合作，推动收水器技术的发展和应用。

未来收水器技术的发展将更加注重可持续性、灵活性和智能化。通过不断创新和改进，收水器将更好地满足市场需求，为人类社会的可持续发展作出贡献。

◆ 参考文献 ◆

[1] 孙铁牛. 全球水资源状况凸显气候变化加剧 [N]. 光明日报，2024-10-16（012）.

[2] 胡庆芳，张根瑞，方琼，等. 联合国世界水发展报告述评 [J/OL]. 水利水运工程学报，1-13 [2025-03-24].

[3] 中华人民共和国水利部. 中国水资源公报. 2023 [M]. 北京：中国水利水电出版社，2024.

[4] 郭丰源，徐剑锋，徐敏，等. 我国工业用水现状、问题与节水对策 [J]. 环境保护，2022，50（06）：58-63.

[5] 乔洪勇. 火力发电厂节约用水与循环用水管理模式研究 [D]. 保定：华北电力大学，2007.

[6] 李贵宝，罗林，杨延龙. 我国工业用水节水标准现状及对策建议 [J]. 水资源开发与管理，2017（02）：51-56.

［7］匡友青．浅析《节约用水条例》实施对节水产业发展的机遇与挑战［J］．长江技术经济，2024，8（04）：51-57.

［8］杨岑，宋小军，赵顺安，等．自然通风湿式冷却塔节水方案的数值研究［J］．中国水利水电科学研究院学报（中英文），2024，22（04）：368-376.

［9］刘汝青．自然通风逆流湿式冷却塔蒸发水损失研究［D］．济南：山东大学，2008.

［10］吕扬．冷却塔水损失变化规律及节水方法的研究［D］．济南：山东大学，2009.

［11］何静．逆流式自然通风冷却塔及除水器节水研究［D］．昆明：昆明理工大学，2014.

［12］朱益明，徐胜刚，吴海瑛，等．喷雾中空冷却塔收水器［Z］．浙江省，绍兴上虞金泰冷却塔有限公司，2020-11-26.

［13］李治洁，张连强，李雪，等．泡沫金属与PVC材质冷却塔收水器的对比研究［J］．盐科学与化工，2020，49（04）：32-36.

［14］李雪，樊利华，高金城，等．改性PVC材料应用于海水冷却塔专用收水器的性能研究［J］．应用化工，2015，44（11）：2159-2161.

［15］于秋江．冷却塔玻璃钢收水器的应用研究［J］．净水技术，1991（02）：25-29.

［16］刘德涛．冷却塔介绍及选型［J］．洁净与空调技术，2010（01）：80-83，87.

［17］费全昌．我国冷却塔应用现状及面临的挑战［J］．电力勘测设计，2014（02）：29-33.

［18］王伯时，段锐，王晓思．闭式循环冷却塔节水装置：CN200420012422.2［P］．2005-12-14.

［19］Becker B R，Burdick L F．Effect of Drift Eliminator Design on Cooling Tower Performance［J］．Journal of Engineering for Gas Turbines & Power，1992，114（4）：632-642.

［20］Stodlka J，Vitkoviová R，Danová P，et al．Estimation of the drift eliminator efficiency using numerical and experimental methods［J］．The European Physical Journal Conferences，2016，114：02111.

［21］李治洁，张连强，李雪，等．湿式冷却塔收水器的研究进展［J］．盐科学与化工，2020，49（5）：7.

［22］兰晓东，陈晓东，邱莉，等．一种用于机械通风冷却塔的导流结构：CN202322778112.7［P］．2024-05-28.

［23］陈晓东，邱莉，王连东，等．一种用于机械通风冷却塔的环流罩网装置：CN202122609126.7［P］．2022-04-12.

2

收水器的基本工作原理

2.1 收水器收水的基础知识

2.1.1 基本术语

2.1.1.1 湿空气的组成

空气被视为冷却塔中冷却介质，它分别由氧、氮等气体和水蒸气两部分组成，前者在一般的压力和温度下永远保持气态，占空气中的大部分；后者由水蒸发而来，一般处于过热状态，当气温降低时，又可能凝结成水[1]。水蒸气在空气中所占有的比例不大，空气中的水蒸气含量虽然很少，但在一定程度上对空气的热力学性质产生了大范围的作用。

在冷却塔中，热水通过喷嘴喷出形成细小水滴或均匀薄膜，增加了水与空气的接触面积。当空气被引入冷却塔并与这些水滴接触时，会发生热交换和质交换过程。水蒸发时吸收热量，从而使得水的温度降低，同时水蒸气进入空气中，形成了湿空气。这种湿空气的特性直接影响到冷却塔的性能和效率。

2.1.1.2 空气参数及其相互关系

（1）空气温度

空气温度是表示空气冷热程度的物理量，简称气温，国际上标准气温度量单位是摄氏度（℃）。冷却塔中的空气温度是指冷却塔内循环空气的温度，它与冷却塔的外界环境温度和冷却塔内部的热交换效率有关。

（2）湿球温度

湿球温度是一个重要的物理量，通常用于描述在冷却塔等热交换设备

中，空气的湿度和温度的综合效果。湿球温度是在恒定压力下，通过蒸发水
分使物体降温所达到的平衡温度。它通常用于表征冷却塔等热交换设备的工
作环境，对于确定冷却极限和评估热交换效率至关重要。

空气的湿球温度是用温度计来测量的，温度计如图 2-1 所
示。用两支相同的温度计，其中一支温度计用两层纱布紧
紧包裹，下端置于盛蒸馏水（以免用普通水污染纱布）的
瓶中，未包纱布者所测得的为干球温度，包纱布者为湿球
温度。这样测得的湿球温度，会受到太阳或其他热辐射的
影响[1]。

（3）气压

气压是作用在单位面积上的大气压力，即在数值上等
于从该单位底面积向上延伸到大气外界的垂直空气柱所受
到的重力。气压的大小与高度、温度等条件密切相关，并
随这些因素的变化而变化。

（4）空气的状态方程

空气状态方程是用来描述空气中压强、体积、温度之
间关系的一系列方程式。这些方程根据其适用的条件和精
确度，可以分为理想气体（空气）状态方程和实际气体状

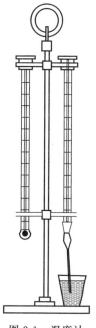

图 2-1　温度计

态方程。通过理解和应用这些状态方程，可以更准确地描述和预测空气在不
同条件下的行为。

在常用的压力及温度范围内，干空气和水蒸气（即使接近饱和状态）都
可以作为理想气体来处理，符合气体状态方程式[1]，即：

$$pV = GRT$$

$$p = \frac{G}{V}RT = \rho RT \tag{2-1}$$

式中　p——气体压强，Pa；

$\quad\quad V$——气体体积，m^3；

$\quad\quad G$——气体质量，kg；

$\quad\quad T$——气体温度，K；

$\quad\quad \rho$——气体密度，kg/m^3；

$\quad\quad R$——气体常数，$J/(kg \cdot K)$。

式（2-1）可分别用于干空气和水蒸气，相应的气体常数 R，对于干空气和水蒸气，分别为：干空气 $R_d = 287.14 \text{J/(kg·K)}$；水蒸气 $R_v = 461.53 \text{J/(kg·K)}$。

干空气温度随高度的变化可表示为：

$$\frac{\mathrm{d}T}{\mathrm{d}Z} = -\frac{g}{R} \times \frac{n-1}{n} \quad (\text{K/m}) \tag{2-2}$$

式中　T——开尔文温度，K；

　　　Z——高程，m；

　　　g——重力加速度，m/s^2；

　　　R——气体常数；

　　　n——常数。

在海拔为 0 的标准大气压条件下，$n = 1.235$，代入式（2-2）得：

$$\frac{\mathrm{d}T}{\mathrm{d}Z} = -0.0065 \quad (\text{K/m}) \tag{2-3}$$

式（2-3）可作为冷却塔计算的平均尺度，在绝热状态下：

$$\frac{\mathrm{d}T}{\mathrm{d}Z} = -\frac{g}{R} \times \frac{x-1}{x} = -0.01 \quad (\text{K/m}) \tag{2-4}$$

式中，$x = 1.4$。

（5）绝对湿度

冷却塔内的绝对湿度是指每 1m^3 湿空气中所含水蒸气的质量，绝对湿度是衡量空气中水蒸气含量的一个重要参数，它直接关系到冷却塔的性能和效率。

绝对湿度即水蒸气的密度，用式（2-1）可得[1]：

$$\rho_v = \frac{G_v}{V} = \frac{p_v}{R_v T} = \frac{p_v}{461.53T} \quad (\text{kg/m}^3) \tag{2-5}$$

式中，下角标 v 表示水蒸气的参数。

湿空气达到饱和时，其绝对湿度最大，用 ρ''_v 表示，则：

$$\rho''_v = \frac{p''_v}{461.53T} \quad (\text{kg/m}^3) \tag{2-6}$$

（6）相对湿度

相对湿度反映了湿空气中水蒸气的含量接近饱和的程度，其值在 0 到 1 之间。在温度不变的情况下，相对湿度的值越小，表示空气越干燥，具有比较强的吸湿能力；相对湿度的数值越大，表示空气越潮湿，吸湿能力就会越弱。

$1m^3$ 的湿空气所含水蒸气的质量，与同温度下的最大水蒸气含量之比，称为空气的相对湿度，以符号 φ 表示[1]，即：

$$\varphi = \frac{p''_\tau - 0.00662 p_a(\theta - \tau)}{p''_\theta} \tag{2-7}$$

式中 p''_θ，p''_τ——干球温度 θ 和湿球温度 τ 所对应的饱和水蒸气压强，kPa；

p_a——大气压强，kPa。

（7）含湿量

含湿量是湿空气中所含的水蒸气量，分为质量含湿量以及容积含湿量两种。其中在含有 1kg 干空气的湿空气中所含的水蒸气的质量称为该湿空气的质量含湿量；在含有 $1m^3$ 干空气的湿空气中所含的水蒸气的质量，称为该湿空气的容积含湿量。

含湿量用符号 χ 表示，根据定义，含湿量的表达式为[1]：

$$\chi = \frac{\rho_v}{\rho_d} = \frac{p_v}{R_v T} / \frac{p_d}{R_d T} = \frac{R_d p_v}{R_v p_d} = 0.622 \frac{p_v}{p_d}$$

$$= 0.622 \frac{p_v}{p_a - p_v} = 0.622 \frac{\varphi p''_v}{p_a - \varphi p''_v} \tag{2-8}$$

式中，下角标 d 表示干空气的参数。

水蒸气分压 p_v，根据式（2-8）可写为：

$$p_v = \frac{\chi}{0.622 + \chi} p_a \tag{2-9}$$

由此可知，在一定的大气压强下，水蒸气分压 p_v 取决于空气的含湿量 χ。

（8）露点温度

露点温度是一个描述空气中水汽含量的物理量，是指在恒定气压下，空气中的水蒸气凝结成水滴的温度。在这个温度点上，空气的相对湿度达到 100%，如果继续降温，空气中的水蒸气就会凝结成露珠。换句话说，露点温度是空气由不饱和状态转为饱和状态的温度阈值。

（9）湿空气的密度

湿空气的密度是指湿空气中单位体积内所含气体的质量，通常以 kg/m³ 为单位。湿空气是由干空气和水蒸气组成的混合物，因此其密度会受到温度、压力和相对湿度的影响。

在相同的压力和温度下，湿空气的密度通常低于干空气的密度，这是因为水蒸气的分子质量小于干空气中主要成分（氮气和氧气）的分子质量。随着水蒸气含量的增加，即相对湿度的增大，湿空气的密度会进一步降低。

在 $1m^3$ 湿空气中，干空气的密度和水蒸气的密度之和，即为湿空气的密度 ρ_w[1]。

$$\rho_w = \rho_d + \rho_v = \frac{p_d}{R_d T} + \frac{p_v}{R_v T}$$

$$= \frac{p_a - p_v}{R_d T} + \frac{p_v}{R_v T} = \frac{p_a}{R_d T} - \frac{p_v}{T}\left(\frac{1}{R_d} - \frac{1}{R_v}\right)$$

$$= 0.003483 \frac{p_a}{T} - 0.001316 \frac{p_v}{T} (kg/m^3) \qquad (2\text{-}10)$$

从式（2-10）可见，在一定的大气压强 p_a 和温度 T 时，空气干燥，p_v 小，密度大；空气潮湿，p_v 大，密度小。

（10）湿空气的比焓

湿空气的比焓（specific enthalpy）是一个衡量单位质量湿空气所含能量的物理量，通常以 kJ/kg 为单位。它包括干空气和水蒸气各自的比焓，以及它们混合时潜在的能量交换。

$$h = 1.005\theta + \chi(2500.8 + 1.846\theta) \qquad (2\text{-}11)$$

式中 h——湿空气比焓，kJ/kg（干空气）；

χ——含湿量；

θ——干球温度。

饱和空气比焓（简称饱和空气焓）：

$$h'' = 1.005t + 0.622 \frac{p''}{p - p''}(2500.8 + 1.846t) \qquad (2\text{-}12)$$

式中 h''——饱和空气比焓，即当空气温度为水蒸气分压达到饱和状态温度 t 时的比焓，kJ/kg（干空气）。

（11）湿空气的比热

湿空气的比热是指单位质量的湿空气在不发生相变时，温度变化 1K（或 1℃）所需的热量。

2.1.2　传热和传质

在冷却塔运行过程中，湿空气和冷却水分别在雨区、填料区和喷淋区内进行热质交换，使冷却水的温度降低。气液两相间主要通过接触、蒸发以及辐射等几种方式传递热量，其中辐射传递的热量很小可以忽略，主要考虑前两种传热方式[2]。

2.1.2.1 接触传热

水与空气之间的接触传热，是在水气交界面上进行的。接触传热有热传导和对流传热两种形式，热传导是指分子之间因碰撞和扩散作用而引起分子动能的传递，在宏观上则表现为热量的传递；对流传热则是指由于流体本身的流动而把热量从一处带到另一处的传热方式，与热传导相比，对流传热是通过流体的流动与混合来传热的。

两种不同温度的物质接触，热量从温度高的一方传向温度低的一方，称为接触传热。当低温度空气通过高温度水面时，水面也会通过接触传热，把热量传给空气。单位时间内通过面积 dF，水面传给空气的热量 dQ_a，可用下式表示[1]：

$$dQ_a = \alpha(t - \theta)dF(kJ/h) \tag{2-13}$$

式中　α——传热系数，$kJ/(m^2 \cdot h \cdot ℃)$；

　　　t——水体表面温度，℃；

　　　θ——空气的干球温度，℃；

　　　dF——水、气接触面积，m^2。

2.1.2.2 蒸发传热

水分子可在常温下逸出水面，成为自由蒸汽分子，这种现象称为水的蒸发。蒸发传热通过物质交换完成，即通过水分子不断扩散到空气中来完成。水分子中因为水的温度区分了各种相异的能量。靠近水面周围，动能比较大的部分水分子，脱离附近其他动能小的水分子间的相互作用，向上离开水面，靠近水面周围的水体能量因为具有较大能量的水分子离开而逐渐减少，导致水面温度也逐渐下降，蒸发传热就是这样形成的。一般认为蒸发的水分子，首先在表面形成一层薄的饱和空气层，其温度和水面温度相同，然后水蒸气从饱和空气层向大气中扩散，扩散的快慢取决于饱和空气层的水蒸气分压和大气的水蒸气分压差，即道尔顿定律。单位时间通过水表面 dF，蒸发的水量 dW_u 为[1]：

$$dW_u = \beta_p(p''_t - p_\theta) \tag{2-14}$$

式中　β_p——以水蒸气分压差为基准的传质系数，$kg/(m^2 \cdot Pa)$；

p''_t——温度为 t 时饱和空气层的水蒸气分压，Pa；

p_θ——温度为 t 时大气中的水蒸气分压，Pa。

上式也可用含湿量差的形式来表示，即为：

$$dW_u = \beta_\chi(\chi''_t - \chi_\theta)dF \tag{2-15}$$

式中　β_χ——以含湿量差为基准的传质系数，kg/（m²·s）；

χ''_t——温度为 t 时饱和空气的含湿量，kg/kg；

χ_θ——温度为 θ 时饱和空气的含湿量，kg/kg。

水在冷却过程中因蒸发所造成的损失即为空气含湿量的增加，则：

$$dW_u = \beta_\chi(\chi''_t - \chi_\theta)dF = Gd_\chi \tag{2-16}$$

式中　G——进塔空气量，kg/s；

d_χ——含湿变量。

则水因蒸发散出的热量 dQ_β 为：

$$dQ_\beta = \gamma dW_u \tag{2-17}$$

式中　γ——水的汽化热，kJ/kg。

2.1.2.3　水气交面热阻

在蒸发及接触传热中，水体表面首先散热、降温，水体内部温度高于水体表面形成温度差，使水体内部的热量，通过热传导不断传到水面，再通过蒸发和接触传热传到空气中。将水汽表面饱和空气层温度当作水温的处理方法只是一种近似。水体内部和表面温度差值的大小，不但取决于导热的快慢，还取决于水的流动情况，即水层的厚薄及水流发生掺混的程度等因素，所以，为了提高冷却效率，水流厚度应尽量薄，且水体能不断掺混交换。

2.1.3　冷却塔相关术语

2.1.3.1　冷却塔冷却能力

$$\eta = \frac{G_t}{Q_d\lambda_c} = \frac{Q_c}{Q_d} \times 100\% \tag{2-18}$$

式中　η——冷却塔的冷却能力，%；

G_t——实测进塔干空气质量流量，kg/h；

Q_d——设计冷却水流量，kg/h；

λ_c——修正到设计工况下的气水比；

Q_c——修正到设计工况下进塔冷却水流量，kg/h。

其中λ_c的计算方法如下：

当设计或制造单位提供设计工况参数及冷却塔的热力性能曲线或公式时，λ_c的计算步骤如下：

① 根据实测进塔水流量Q_t和进塔空气量G_t求实测气水比λ_t；

② 根据实测气水比和实测工况参数计算实测工况的冷却数N_t；

③ 将气水比λ_t和冷却数N_t，点绘在修正气水比计算图上（如图2-2所示），得b点，图中Ⅰ为该塔设计热力性能曲线，Ⅱ为冷却塔的工作特性曲线；

④ 过b点引设计热力性能曲线Ⅰ的平行线Ⅲ，与工作特性曲线Ⅱ相交于c点，其相应的气水比λ_c即为所求。

当设计或制造单位仅提供设计工况参数，没有提供该塔的热力性能曲线或公式时，λ_c的计算步骤如下：

① 取两组不同工况参数分别求出气水比λ_t和冷却数N_t；

② 将求得的两组气水比λ_t和冷却数N_t，分别点绘在修正气水比计算图上，得b_1和b_2两点，如图2-3所示；

③ 连接b_1和b_2两点得直线Ⅲ，直线Ⅲ与工作特性曲线Ⅱ相交于c点，c点对应的气水比即为所求的λ_c。

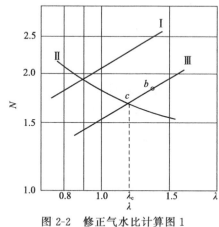

图2-2 修正气水比计算图1

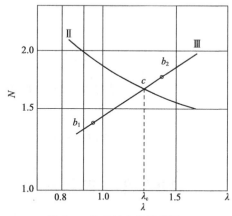

图2-3 修正气水比计算图2

2.1.3.2 冷却数

$$N = \int_{t_2}^{t_1} \frac{c_w \mathrm{d}t}{h'' - h} \tag{2-19}$$

式中 N——冷却数，无量纲；

h''——饱和空气焓，kJ/kg；

h——空气焓，kJ/kg；

t_1——进塔水温，℃；

t_2——出塔水温，℃；

c_w——湿空气的比热，kg/(kJ·K)。

2.1.3.3　冷却塔设计水量

$$Q = K_Q \frac{G_1 \rho_{1d}}{1000\lambda_0} \qquad (2\text{-}20)$$

式中　Q——设计进塔水量（冷却塔设计水量），m^3/h；

G_1——设计进塔风量，m^3/h；

ρ_{1d}——进塔空气中干空气密度，kg/m^3；

λ_0——塔的设计气水比；

K_Q——调整系数。冷却水中的油、杂物等对冷却效果有明显影响时，可根据实塔使用经验，选取小于 1.0 的系数，对常规清水塔，$K_Q = 1.0$。

2.1.3.4　冷却塔节约蒸发水量

$$Q_J = (x_{1c} - x_{1J}) - (x_{2c} - x_{2J}) \qquad (2\text{-}21)$$

式中　Q_J——节水型冷却塔与常规湿式冷却塔相比节约的蒸发水量，kg/h；

x_{1J}——常规湿式冷却塔进塔空气中水蒸气含量，kg/h；

x_{1c}——常规湿式冷却塔出塔空气中水蒸气含量，kg/h；

x_{2J}——节水型冷却塔进塔空气中水蒸气含量，kg/h；

x_{2c}——节水型冷却塔出塔空气中水蒸气含量，kg/h。

2.2　收水器的形态与材料

2.2.1　收水器的形态

2.2.1.1　波形和弧形收水器

　　波形（波纹板）收水器一般是由一排或两排倾斜布置的板条或弧形叶板条组成，也有采用三层板条的。采用两排板条时，板条的宽面与空气流动方向呈 45°～70°，上下两排板条反向倾斜布置。采用塑料斜交错板组成的收水器的特点是：重量轻、阻力小、除水效果好。

这种收水器系列主要分为 M 型收水器、多波收水器、V 型收水器、多维收水器、S 型收水器和点波收水器，结构图如图 2-4 所示。

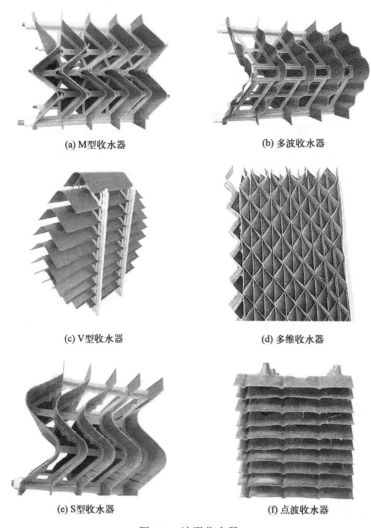

(a) M型收水器　　　　　　　　　(b) 多波收水器

(c) V型收水器　　　　　　　　　(d) 多维收水器

(e) S型收水器　　　　　　　　　(f) 点波收水器

图 2-4　波形收水器

除此之外，市场上还有其他类型的收水器，如 S 波填料收水器、160-45 型收水器、HU-45/170 型收水器等。下面主要对 160-45 型收水器和 HU-45/170 型收水器进行介绍。

（1）160-45 型收水器

160-45 型收水器结构如图 2-5 所示，选用 PVC 材料，在片材中增加了进口炭黑作为添加剂，大大提高了片材的抗紫外线功用。该冷却塔收水器具有收水效果好、气流阻力小、强度高、不变形、装置修理便利、运行寿命长、阻燃性好等长处。按循环水量计其飘水丢失在 0.001% 以下，仅为国家标准答应值的十分之一。在 2.8m/s 风速条件下，通风阻力丢失约为 0.8mmH$_2$O[1]，低于国外产品。因为其为拉挤成型，片厚为 0.8mm，故其强度高，质量可靠，便于安装，使用寿命长。

（2）HU-45/170 型收水器

HU-45/170 型收水器为弧形的收水器，通常由一系列弧形或半圆形的槽或板片组成，专门设计用于改变上升空气流动的方向。这种设计利用空气动力学原理，使水滴在惯性力的作用下与空气分离，并被引导至冷却塔底部，从而实现水分的回收和再利用。

其两端为直流导流段，中间为弧形截水段，如图 2-6 所示。弧片厚 1mm，其圆弧半径为 65mm，弦长为 120mm，两端导流段均为 25mm，弧片高为 170mm，弧弦相切，间距为 45mm。由收水器弧片组成的单元体面积约 1m^2。每平方米收水器质量约为 6kg。弧片间设有撑板，作用是固定弧片间的距离和稳定弧片形状。弧片和撑板用 6 根拉杆和两端的螺母压紧固定，连

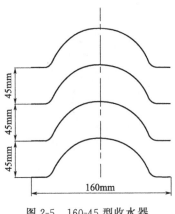

图 2-5　160-45 型收水器

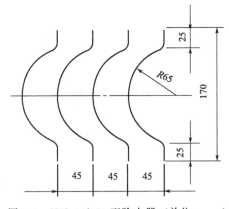

图 2-6　HU-45/170 型除水器（单位：mm）

---

[1]　1mmH$_2$O＝9.80665Pa。

接卡则用来连接各收水器单元组件。组合后的收水器弧度正确，片距均等，整体性强，牢固可靠，结构紧凑，拆装方便，维护简单。全部组件的材质为改性聚丙烯塑料，具有较好的耐老化、耐热、耐化学腐蚀等性能，并具有足够的刚度、韧性[3]。

2.2.1.2 旋流收水器

中国科学院力学研究所的徐永君、鄂学全提出了利用旋转流动汽水回收原理进行收水的新理念，旋流流动收水方法通过改变气（汽）流的上升流动为旋转上升流动，利用离心力将气流中的颗粒状水滴直接甩到器壁回收，收水效率具有很大程度的提高。但是对旋流收水器中旋流的产生机理及液滴在旋流影响下的碰撞机理并未揭示，另外未对材料和形成工艺进行探讨，因此并未在实际中得到推广、应用[4]。

《国家鼓励的工业节水工艺、技术和装备目录（2023）》中的"工业冷却塔新型旋流导叶节水装备"技术，如图 2-7 所示。冷却塔内湿空气主要是由水蒸气、微小液滴及直径相对较大的大液滴构成的接近饱和湿空气。湿空气经过旋流收水器时，由于导叶的作用，空气变为旋转的湍流状态，离开收水器后，涡不会立刻消失。这增大了液滴之间的碰撞概率，使直径较小的液滴快速碰撞融合成直径较大的液滴，打破"临界水"的气液平衡状态。水蒸气中的水分子及微小液滴以碰撞后形成的较大直径的液滴为核，集聚成大液滴被收水器收集。由于发生聚并的水分子及微小液滴的直径较小，所以液滴裹挟的杂质也相对较少。故新型旋流导叶节水装备（收水器）收集到的水的清洁度要比循环冷却水高，收集到了波纹板无法收集到的水[5]。

图 2-7 新型旋流导叶节水装备

2.2.2 收水器的材料

收水器安装在冷却塔内，处于淋水装置和配水装置的上方，其工作条件和气候环境都较为特殊，冷却塔在运行时，塔内温度可高达45℃左右，（发电厂冷却塔）停塔时最低温度（冬季、北方）可降到−30℃左右，并有冰雪覆盖和冰凌附着的可能，这样就产生了高达75℃左右的温度落差。塔内气流状态和速度在不同的冷却塔内变化也较为复杂，又受水质影响，故收水器的材质须满足如下的要求：

① 在50℃的湿热环境中，在高风速（机力塔中高达4~5m/s）下有一定风振作用时，需要具有较长的使用寿命和较好的耐热稳定性以及足够的刚度。

② 在现有经济条件下使用8~12年不致老化变形。

③ 须具有较好的耐低温性，在−40℃的低温条件下并有一定的冰雪载荷条件下不破碎、不脆裂。

当前火电厂及化工企业采用的收水器材料主要有聚丙烯、聚氯乙烯、玻璃钢及其他纤维复合材料。

2.2.2.1 聚丙烯

聚丙烯是一种具有极好化学稳定性的热塑性塑料，能够抵抗多种化学物质的腐蚀，包括许多酸、碱和其他化学品，因此在恶劣的环境中也能保持稳定。与某些金属材料相比，聚丙烯的成本较低，这使得聚丙烯收水器成为一种经济实用的选择。聚丙烯材料相对较轻，这使得安装和维护相对容易，同时减轻了结构负担。聚丙烯收水器具有一定的强度和韧性，能够承受日常使用中的压力和冲击。聚丙烯能够耐受一定范围的温度变化，适用于多种操作条件。

尽管聚丙烯塑料具有上述多项优点，但它也有易变形和易燃等缺点，特别是在遇热的情况下。经过几年的使用，聚丙烯（改性）塑料材质可能会出现变形问题。它的最高耐温通常不超过120℃，这可能限制了其在高温环境中的应用。长期暴露在阳光下，聚丙烯可能会逐渐老化，导致物理性能下降。这在户外应用中尤为明显，可能需要定期更换或维护。虽然聚丙烯本身具有良好的防水性能，但在制造过程中如果接缝处理不当，可能会导致水分渗透，影响除水效果。热膨胀系数相对较大，温度变化时可能导致部件尺寸的显著变化，需在设计时考虑留有适当的伸缩缝。

2.2.2.2 聚氯乙烯

聚氯乙烯（polyvinyl chloride），简称 PVC，是一种广泛应用的合成聚合物塑料，具有易加工成型、不易变形、阻燃性能高（材料遇火具有自燃性）等优点，因此，PVC 材料的收水器已广泛应用于火电厂、钢铁厂、石油化工厂等工业部门机械通风冷却塔及自然通风冷却塔中。

PVC 材质特点主要体现在其优良的物理和化学性能上，这些特性使得 PVC 成为水处理设备（如收水器）的理想材料选择。①PVC 耐腐蚀性强，对大多数酸、碱、盐等化学物质具有较强的耐受性，这在处理各种工业液体时尤为重要；②表面光滑且不渗透，能够有效防止水分侵入，从而延长设备使用寿命；③具有较高的机械强度和良好的电绝缘性能，室温下的耐磨性超过硫化橡胶，硬度和刚性优于聚乙烯；④加工方便，可采用多种成型方法如压延、挤出、注射、吹塑等进行加工，这使得生产变得灵活高效；⑤材料可以回收再利用，减少资源浪费和环境污染。

PVC 的缺点主要包括耐候性较差、成本竞争力下降、热稳定性较差（PVC 在 75~80℃变软，玻璃化温度通常为 80~85℃）等方面。在选择使用 PVC 收水器时，应综合考虑其性能、成本和环境影响等因素，以做出合理的决策。

2.2.2.3 玻璃钢

玻璃钢是由玻璃纤维及不饱和聚酯类和环氧树脂等复合而成的材料，具有轻质、高强、耐腐蚀等优点。玻璃钢收水器产品强度高，使用寿命长，但其生产效率较 PVC 低，造价较高，在实际电厂中应用较少[4]。

玻璃钢材质特点主要体现在其优异的物理和化学性能上：①玻璃钢的密度较低，为 $1.5~2.0 g/cm^3$，只有普通碳钢的 1/5~1/4，比轻金属铝还要轻 1/3 左右；②玻璃钢有优良的电绝缘性能，可作为仪表、电机及电器中的绝缘零部件；③玻璃钢有良好的热性能，比热大；④易加工成型，玻璃钢材料可以回收再利用，减少资源浪费和环境污染。

2.2.2.4 其他纤维复合材料

纤维复合材料是一种由增强纤维材料和基体材料通过特定成型工艺形成

的复合材料。这种材料因其轻质、高强度、耐腐蚀等特点,在多个领域获得了广泛应用。

纤维复合材料的种类多样,常见的如玻璃纤维增强塑料(GFRP)、碳纤维增强塑料(CFRP)和芳纶纤维增强塑料(AFRP)等。而目前文献可查的作为收水器材质的纤维复合材料有2种:石墨烯/短玻璃纤维/ABS复合材料及玻璃纤维增强聚丙烯复合材料(玻纤/PP复合材料)。

(1)石墨烯/短玻璃纤维/ABS复合材料

石墨烯/短玻璃纤维/ABS复合材料与现有的PVC收水器材料相较,热导率、热扩散系数、接触角、拉伸强度、拉伸模量、弯曲强度、弯曲模量、压缩强度及压模量分别提高了390.37%、268.16%、63.37%、142.61%、43.00%、11.29%、2.97%、436.00%、113.83%,表面电阻率及体积电阻率分别下降了六～七个数量级。但吸水率略有上升,作为收水器材料性能有所缺失,成本依旧比PVC要高。如何使石墨烯在短玻璃纤维/ABS复合体系中很好地分散,实现低浓度下具有优良的力学性能、导热性能,依然是需要继续探寻的路[5]。

(2)玻璃纤维增强聚丙烯复合材料(玻纤/PP复合材料)

玻纤/PP复合材料是由增强纤维材料玻璃纤维与基体材料聚丙烯(PP)复合而成的先进材料,材质特点体现在其轻质高强、耐腐蚀、抗老化等方面,这些特性使其在水处理设备如冷却塔收水器中具有显著的应用优势。通过测试,其拉伸、弯曲及抗湿热老化等性能均优于传统PVC材料[6],且在电厂冷却塔内饱和水汽的湿热环境,满足收水器各项性能指标。

玻纤/PP复合材料的密度远低于金属材料,这减轻了结构的重量和负担。具有较高的拉伸强度和弯曲强度,对大多数酸、碱、盐等化学物质具有较强的耐受性,表面光滑且不渗透,能够有效防止水分侵入,从而延长设备使用寿命。承受的温度范围通常在-40℃至150℃之间,这使得其在各种气候条件下都能保持稳定的性能。与金属相比,该复合材料的热膨胀系数较小,因此尺寸稳定性好,不易变形。长时间暴露于阳光、风雨等自然环境下,仍能保持其性能不变,不会像其他塑料一样迅速老化。由于其抗老化性能,使用寿命通常在10年以上。

2.3 冷却塔工作原理

2.3.1 冷却塔的组成

冷却塔是一个塔形建筑，水气热交换在塔内进行，可以人工控制空气流量，加强空气的对流作用，提高冷却效果。按塔的构造及空气流动的控制情况，可分为自然通风冷却塔及机械通风冷却塔。冷却塔一般包括通风筒、进水和配水系统、淋水装置、通风装置、收水器和集水池等部分[7]。

2.3.1.1 通风筒

通风筒（塔筒）是控制空气流动的通道，它为水的冷却创造良好的条件，外界空气由通风筒下部进风口流入塔内与热水进行热交换，空气经过淋水装置后，即被加热加湿，然后排出塔外，使水得到冷却。因此通风筒的形状对冷却塔的冷却效果有很大的影响，设计时必须使气流在整个淋水面积上均匀分布，防止涡流等现象产生。机械通风冷却塔采用强制通风，故一般通风筒较低，而自然通风冷却塔通风筒较高，可达 150m 以上。由于外界冷空气与塔内空气的温度差的关系，造成了空气的相对密度的差别，因而空气通过淋水装置时，在塔筒内形成抽力。

塔筒的形状主要以轴对称旋转壳体为主，目前大多数采用双曲线形钢筋混凝土自然通风冷却塔，也有采用圆柱形、截锥形、箕舌线形、多角形以及方形的自然通风和机械通风冷却塔。

2.3.1.2 进水和配水系统

冷却塔的进水和配水系统的作用是把热水均匀地洒到整个淋水面积上，若淋洒得不均匀，水量过多的部分通风阻力增大，空气量减少，热负荷集中，冷却条件恶化，造成大量的气流从阻力较小的热负荷较低的地方通过，降低了冷却效果，增大了冷却塔的造价，降低了运转的经济性。因此选择良好的进水和配水系统对保持配水均匀、保证冷却效果、减小通风阻力、降低运行费用，具有重要的作用。

冷却塔的进水可分中间进水和外围进水。中间进水是把冷却水送到塔的中央，然后再向四周分配，在大型冷却塔中由于主配水槽（管）较长，如仅由中央一点进水，将造成塔的中央和四周水位差较大，使水的分配不均，因此大型冷却塔用外围进水。

外围进水，是在塔筒外边或里边设置环形水槽，冷却水首先进入环形水槽，然后再向塔的中间进行分配。根据塔的容量大小，进水可采用由一点进水或多点进水，塔的容量大，冷却塔的圆周较长，以采用多点进水方案为宜。目前我国淋水面积在 3500m² 以上的大塔，即采用了多点进水方案。

配水装置的作用是通过管路和喷嘴将冷却水细化成水滴后均匀地喷洒出来。冷却塔配水装置有管式配水、槽式配水、水池配水三种。管式配水由干管和支管组成。支管在干管周围分布，并且在补水部分设计了喷嘴和水孔。管式配水需要一定的水压，即水泵的压力保证。槽式配水是应用比较早的布水系统。水经过配水槽，通过管流出，流出的水受重力的影响，在落到溅水碟上面时，会溅成细小的水滴均匀落下，达到均匀布水的效果。水池配水是指在淋水填料的上方设计水池，在水池的底部开直径在 5～10mm 之间的小孔，水通过水池底部的开孔渗漏到淋水填料。水池配水多用在横流塔。

2.3.1.3 淋水装置

淋水装置也称为填料，是冷却设备中的一个关键部分，其作用是将配水装置上洒下的热水溅散成水滴或形成水膜，以增大水和空气的接触面和时间，增强水的蒸发和传导的散热作用，使水温加速降低。水的冷却过程主要是在淋水装置中进行的，因此要求淋水装置应选用有效面积大、导热性能差（可以减轻水的传导散热的作用，增强其蒸发散热的作用）、亲水性强（指容易被水润湿、黏附）、对空气阻力小、质轻耐用、易得价廉，而又加工方便的结构形式和材料。具有上述特点的填料可以更好地形成水滴和水膜，扩大水的自由面，提高冷却效能，减小塔体的尺寸，节省动力，降低造价，所以选用良好的填料是改善和提高冷却效果极其重要的途径。

2.3.1.4 通风装置

机械通风冷却塔中常用轴流式风机，这种风机的特点是风量大，风压较小，还可短时间反转（冬季可将热湿空气压向塔下部流出，融化进风处的冰凌），同时可通过调整叶片的角度，来改变风量和风压，使用方便。

2.3.1.5 收水器

从冷却塔中排出的湿热空气中，仍携带很多水分，其中一部分是蒸发的水汽，不易用机械方法除去；另一部分是小水滴，通常可用收水器把它们截留下来，既可减少水量的损失，又可减轻水雾的影响。

冷却塔内的气流速度不同，飘逸到塔外的损失水量不同。同理，冷却塔循环水量不同，飘逸到塔外的损失水量也不相同。没有安装收水器时，机械通风冷却塔和自然通风冷却塔的飘滴损失水量分别占循环冷却水量的1%和5%左右。

2.3.1.6 集水池

经淋水装置冷却后的水汇集到集水池内。集水池能够储存循环水系统中的额外水量，起到调节作用。在少数情况下，还可把集水池兼作冷却水泵站的集水井使用，可在塔外另设。为了防止发生堵塞现象，通常会在集水池的出口端设置过滤系统，过滤掉集水池中的树叶、沙子等杂质，减小循环水系统的故障率。

2.3.2 冷却塔的工作过程

冷却塔的工作过程主要为：热水通过水泵以一定的压力经过管道、横喉、曲喉、中心喉压至冷却塔的配水系统内，通过配水管上的小孔将水均匀地播洒在填料上面；干燥的低焓值的空气在风机的作用下进入塔内，热水流经填料表面时形成水膜和空气进行热交换，高湿度高焓值的热风从顶部抽出，冷却水滴入集水池内，经出水管流入主机。这个过程利用了蒸发散热、对流传热和辐射传热等原理，通过水与空气流动接触后的冷热交换产生蒸汽，蒸汽挥发带走热量，以达到降低水温的目的[7]。

一般情况下，进入塔内的空气是干燥低湿球温度的空气，水和空气之间明显存在着水分子的浓度差和动能压力差，当风机运行时，在塔内静压的作用下，水分子不断地向空气中蒸发，成为水蒸气分子，剩余的水分子的平均动能便会降低，从而使循环水的温度下降。

从以上分析可以看出，蒸发降温与空气的温度（通常说的干球温度）低于或高于水温无关，只要水分子能不断地向空气中蒸发，水温就会降低。但是，水向空气中的蒸发不会无休止地进行下去。

当与水接触的空气不饱和时，水分子不断地向空气中蒸发，但当水气接触面上的空气达到饱和时，水分子就蒸发不出去，而是处于一种动平衡状态。蒸发出去的水分子数量等于从空气中返回到水中的水分子的数量，水温保持不变，所以冷却塔的通风量要远大于循环水量。

例如，一座循环水量 3000m³/h 的机械通风冷却塔，蒸发损失为 1%～1.5%，冷却塔淋水面积约 14×14＝196m²，原节水层设计风速为 3～4m/s。当携带废热的 3000m³/h 循环水进入冷却塔，通过配水系统，进入喷淋设备，以水雾形式喷淋在填料表面；通过风机动力抽取，冷空气由冷却塔下方进入塔内；在填料层，冷却水滴汇集在填料表面，以液膜的形式和上行的空气流进行换热。其风量为 211 万～280 万 m³/h，相比循环水量，风量的数值远比水量大，超过 700 倍。因此，冷却塔的设计通风量要远大于循环水量才能保持冷却能力。

2.3.3 冷却塔的冷却原理

开放式循环水的冷却原理是通过水与空气直接接触达到水的冷却降温目的。水与空气的接触传热过程，可用双膜理论解释，如图 2-8 所示[8]。

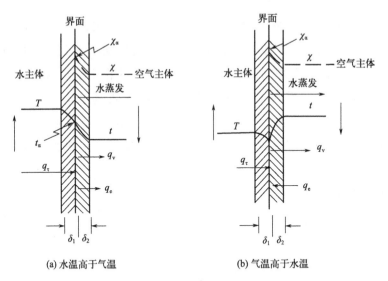

(a) 水温高于气温 (b) 气温高于水温

图 2-8 冷却原理图

图 2-8（a）、（b）分别表示水温高于气温和气温高于水温两种情况下，水-空气逆向流动（逆流）接触的温度、湿度分布与传热规律。在两相逆流接触运动中，界面两边将分别形成相对静止的水膜与气膜（或称边界层），两相间的传热受阻于此双膜，传热速率反比于双膜厚度，双膜厚度又随流速的

增大而减小。因此，欲减小两相间传热阻力，需从提高两相流速入手。

水-气接触传热包括两种途径：一是由于两相间存在温度差，形成的热量由高温区向低温区传递，称为两相间给热；二是由于气膜内与空气主体间存在湿度差，水分子由水面向空气主体中蒸发、扩散，这种相转化过程形成的热量由水主体向空气主体中转移，称为蒸发放热。在不同的冷却设备中，两者的作用与性质各不相同。

（1）两相间给热

图 2-8 中的温度分布明确显示了这一传热规律。热量由高温相的紊流主体中，以对流方式向膜内表面快速传递，由于膜内处于层流状态，膜内的热量以扩散传导方式向界面传递。通过界面，热量至另一低温相的膜内仍以传导方式扩散传递至该相的主体边，又以对流方式传递至该相主体中而完成两相间给热过程。可用一个传热速率方程式表示这一给热过程：

$$q_e = \alpha(t_\alpha + t) \qquad (2\text{-}22)$$

式中　q_e——单位面积的给热速率，$kJ/(mm^2 \cdot h)$；

　　　α——给热系数，$kJ/(m^2 \cdot h \cdot ℃)$；

　　　t_α——界面温度，℃；

　　　t——空气主体温度，℃。

式（2-22）是水温高于气温时水向气给热的速率方程式，若温差相反时，则给热方向也相反。影响这种传热的因素除双膜的热阻外，两相接触面积与温差是主要因素。增大接触面积可以显著提高传热效率。两相间温差的变化代表季节、气象对循环水冷却效果的影响，夏季不利于这一传热过程。然而，即使在大气温度低于水温的季节，也必须及时将温度较低的新鲜空气输送到冷却设备中，更替受热的空气，否则传热速率也不能提高。

（2）蒸发放热

在常温下水分子逸出水面，由液相转化为气体称为蒸发。水分子由水面向空气中蒸发是由于水面附近水分子的碰撞运动，一部分水分子获得足以克服水体凝聚力的动能而逸出。由于逸出的水分子从水体中带走的能量大于水体内水分子具有的平均能量，因而在宏观上表现为水温的降低。水的蒸发量愈大，水的温降愈大。蒸发放热速率由式（2-23）表述：

$$q_v = \tau_0 l_v \qquad (2\text{-}23)$$

式中　q_v——单位面积蒸发放热速率，$kJ/(m^2 \cdot h)$；

τ_0——汽化潜热，kJ/kg，40℃水的汽化潜热值为 573.5kJ/kg；

l_v——单位面积的蒸发速率，kg/（m²·h），可用下式表示：

$$l_v = \beta_w(\chi_a + \chi) \qquad (2\text{-}24)$$

式中 β_w——受含湿量差影响的传质系数，kg/（m²·h）；

χ_a、χ——气膜内饱和含湿量与空气主体中的含湿量，kg/kg（干空气）。

由式（2-23）、式（2-24）可知，影响蒸发放热速率的因素为两相接触面积与蒸发速度，放热速率与两者均成正比。水分子向空气实际逸散过程与传热过程相似，仍然受到气膜的阻力。由于气膜内处于层流状态，水分子以扩散方式传质，膜内含湿量近乎达到饱和状态。在空气主体内，由于是紊流态，水分子以对流方式传质。因此，加大空气的逆向流速，随时更换低湿度的新鲜空气，是提高冷却设备蒸发放热速率的有效措施。

冷却设备中的总传热速率是上述两种传热速率之和：

$$q_\tau = q_e + q_v \qquad (2\text{-}25)$$

（3）循环水冷却过程的热量衡算

温度较高的循环水通过空气冷却设备后，使进水温度（T_1）下降到出口温（T_2），其总放热率（称为冷却设备的功率）为：

$$H_1 = 1000c_{pw}Q_w(T_1 - T_2) \qquad (2\text{-}26)$$

通过冷却设备的空气接收热量，使进口温度（t_1）升高到出口温度（t_2），其总吸热率为：

$$H_2 = 1000c_{pa}Q_a(t_2 - t_1) \qquad (2\text{-}27)$$

式中 H_1、H_2——水的总放热率与空气总吸热率，kJ/h；

c_{pw}、c_{pa}——水与空气的比热，水的比热在常温常压下为 4.184kJ/（kg·℃），空气在常温下的等压比热为 1.008kJ/（kg·℃）；

Q_w、Q_a——水与空气通过冷却设备的流量，t/h。

根据能量守恒规律：

$$H_1 = H_2$$
$$c_{pw}Q_w(T_1 - T_2) = c_{pa}Q_a(t_2 - t_1) \qquad (2\text{-}28)$$

综上所述，循环水冷却的主要原理是通过水-气接触散热进行降温，且蒸发放热在循环水冷却过程中占主导地位，提高循环水冷却设备的效率，需采取以下措施：①增大水气接触面积；②提高水气界面上水与空气的流速；③随时用新鲜的低温低湿的空气交换冷却设备中的湿热空气，使热量与蒸汽及时散发到外围大气中。

2.4 波纹板收水器工作原理

波纹板收水器通常是采用惯性撞击分离法的技术原理设计的，将冷却塔气流中携带的水滴与空气分离，减少循环水被空气带走的损失。

2.4.1 波纹板收水器流场

2.4.1.1 液滴粒径分布

进入收水器的液滴由湿热空气夹带上升，因此液滴的直径受淋水装置液膜特性（液膜厚度及温度）和空气特性（气速及空气温湿度）影响，粒径变化范围较大。在早期的研究中，粒径测量方法可根据技术原理分为以下三类：物理分离法（如层叠撞击）、直接观测法（显微镜分析）、间接显色分析（水敏纸）。冷却塔飘滴（液滴）粒径范围在几微米到几百微米之间，$100\mu m$以上大液滴虽然数量较小，但是质量比例较高，通过设置收水器可以回收大部分液滴，将飘滴粒径控制在数十微米以下。Chan 等使用激光散射技术测得的液滴直径范围为 $100\sim150\mu m$；Ara-neo 使用激光多普勒测速仪和粒子动态分析仪（LDV＋PDA）结合技术测得无收水器情况下液滴直径范围为 $50\sim850\mu m$，算术平均直径为 $123.7\mu m$，通过设置收水器，飘滴直径范围变为 $50\sim40\mu m$，算术平均直径变为 $26.97\mu m$。

不同的测试方法测得的飘滴粒径略有差异，一般认为设置收水器的冷却塔飘滴粒径控制在 $100\mu m$ 以下[9]。

2.4.1.2 液滴流动形态

在研究波纹板气液分离机理之前，需要清楚地知道波纹板通道内液滴的流动形态[9]。

可以用雷诺数 Re 来确定波纹板内的流动形态：

$$Re=\frac{\rho_g u_g D_e}{\mu}$$

$$D_e=\frac{4bh}{2(b+h)}=\frac{2bh}{b+h} \tag{2-29}$$

式中 ρ_g——空气密度，kg/m^3；

        u_g——空气速度，m/s；

        μ——气体的动力黏度；

        h——波纹板的高度；

        b——板间距，一般远小于 h；

        D_e——波纹板通道的当量直径，相当于板间距的 2 倍。

通常情况下，当 $Re \leqslant 2000$ 时，认为流动处于层流状态，波纹板内的流场用层流模型计算；当 $Re \geqslant 4000$ 时，一般为湍流；当 $2000 < Re < 4000$ 时为过渡态，在此区间内的流动既有可能是层流，也有可能是湍流，与流动环境有关。几种状态具体说明如下：

① 层流态：是指流体以平稳、有序的方式进行运动。在层流中，流体的流速较慢，相邻的流体层之间只发生相对滑动，而没有跨越界面的混合。此种状态下的流体运动轨迹相对清晰，可预测性较高。层流通常在低雷诺数（$Re \leqslant 2000$）的条件下出现，此时流体黏性力的作用超过惯性力，有助于维持流线的稳定。

② 湍流态：与层流相比，湍流是一种更复杂、无序和混乱的流动状态。在湍流中，流体流速快，流体层之间有强烈的混合和涡旋，导致流线不再清晰可辨。这种状态下的流体具有高度的随机性和不确定性，使得预测其运动轨迹变得困难。湍流通常发生在高雷诺数（$Re \geqslant 4000$）的情况下，此时惯性力的作用超过黏性力，微小的速度变化容易发展增强，形成不规则的湍流流场。

③ 过渡态：是从层流到湍流转换过程中的一种中间状态，此时流体处于从稳定到不稳定的过渡阶段。在这个状态下，流速逐渐增加，流体开始出现波浪状的摆动，流线不再平稳而是开始摆动，且随流速增加，摆动频率及振幅也随之增加。过渡态通常发生在雷诺数介于 2000 至 4000 之间时，此时流体处于一种相对不稳定的状态，对外界扰动较为敏感。

波纹板上的流体流动呈现的液滴运动状态包括层流态、湍流态和过渡态。在不同运动状态下，液滴的运动速度、路径和碰撞行为具有不同的特点。在层流态下，液滴沿着平行于波纹板的流动方向运动；在湍流态下，液滴产生强烈的混合和涡旋现象，运动速度较快；而在过渡态下，液滴既表现出层流的特征，又表现出湍流的特征。通过对液滴运动状态的分析，可以更好地理解液滴在波纹板内的传热、传质和混合过程。

2.4.1.3 液滴受力分析

通过冷却塔塔筒的配水、喷溅、淋水装置等,把热的循环水均匀地洒布在淋水装置上与冷空气接触,进行热交换。在这个过程中淋水装置上下周围不可避免地会产生大量的直径大小不等的水滴。其中一部分被上升气流夹带而逸出塔外,形成所谓的飘滴。大量的飘滴在空气中冷却凝聚后下落到冷却塔附近,会造成环境污染,还可能引起户外电气设备闪络事故。冬季冷却塔附近数百米的地面经常结冰,严重影响交通安全[10]。

收水器会给上升气流夹带的飘滴,提供一个可撞击的表面,使其在与该表面撞击后又相互产生不规则撞击,形成飘滴间的布朗运动,从而产生惯性分离和相互凝聚的效果。撞击后的水滴由小变大,顺收水器回流到填料层后落入集水池。从理论上讲,冷却塔的小水滴受力如图2-9 所示,图中 V 为气流速度,水滴受上升气流夹带力 F、浮力 B 及重力 G 的共同作用,会出现浮升、回落或随遇平衡三种可能性:当 $B+F>G$ 时,水滴会浮升飘逸;$B+F<G$ 时,水滴会回落;当 $B+F=G$ 时,水滴随遇平衡。

塔内小水滴的状态与水滴直径大小及风速有直接关系,而且在不同条件下,有不同的飘浮临界半径。

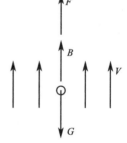

图 2-9 飘滴受力图

如果不装收水器,小于临界半径的水滴会上浮形成飘滴,只有大于临界半径的水滴才会回落。当装设收水器时,小于临界半径的水滴会由于在收水器内的相互撞击和惯性分离作用,在同样气流速度下,上升速度慢,产生凝聚现象,从而被截获[10]。

2.4.1.4 波纹板内气液分离机理

波纹板收水器分离气体中的液滴的基本原理是:携带着液滴的气体在流道曲折的波纹板组中,由于流通面积和方向的不断变化,液滴在波纹板转弯处受到了强烈的惯性离心力作用,部分液滴不能保持原来的运动方向而冲向波纹板壁面,首先在壁面上吸附;随后冲来的液滴再与先吸附的液滴发生碰撞、聚结,进而在波纹板壁面形成液膜;液膜在重力的作用下不断向集液区沉降,最终实现气液的分离。波纹板的多个波增加了捕捉液滴的机会,未被除去的液滴跟随气流在下一个转弯处经过相同的作用被捕集,如此大大提高了分离效率。其原理如图 2-10 所示。

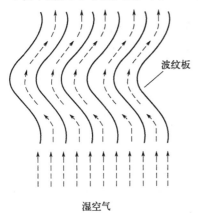

波纹板

湿空气

图 2-10　波纹板收水器
原理示意图

波纹板在分离器中主要作为强化分离效果的元件来使用，通常其入口的液滴体积含量小于 10%，即可以认为气相流场决定了液滴的运动，而液滴对气相流场的影响可以忽略。

小液滴在随着气流上升的过程中，主要受到的力有自身的重力和气流吹托力的作用，会有两种情况发生：①当液滴的重力小于气流的吹托力时会被气流带走排入大气；②当液滴的重力大于气流的吹托力时，液滴会滴落下来被回收。起决定性影响因素的是液滴的直径 d 和上升气流速度 v。液滴所受重力 G 可按照下面公式进行计算[5]：

$$G = \frac{\pi \rho_1 g d^3}{6} \tag{2-30}$$

式中　ρ_1——液滴密度，kg/m^3；

　　　g——当地重力加速度，$9.81 m/s^2$。

液滴受到气流作用的吹托力 F 为：

$$F = \frac{\pi d^2 \rho_g v^2 \xi}{8} + \frac{\pi \rho_g \xi d^3}{6} \tag{2-31}$$

式中　ρ_g——塔内气流密度，kg/m^3；

　　　ξ——阻力系数，通常可取值为 0.1。

式（2-30）与式（2-31）经过简化后可得：

$$v = \sqrt{\frac{4g(\rho_1 - \rho_g)d}{3\rho_g \xi}} \tag{2-32}$$

$$d = \frac{3\xi \rho_g v^2}{4g(\rho_1 - \rho_g)} \tag{2-33}$$

空气气流接触到液滴后，如若液滴直径 d 一定，气流速度 v 低于式（2-32）计算值时，液滴回落，反之液滴随气流继续上升；当气流速度一定，式（2-33）计算值小于液滴直径时，液滴回落，反之液滴随气流上升。跟随气流上升的液滴到达收水器部位时再进行汽水分离，收回部分小液滴。

由于冷却塔的主要作用是将热水冷却后循环利用，热水经过分配系统后通过配水装置喷洒在淋水装置上进行冷却，因此喷射形成的液滴直径越小，冷却效果越好。

带水的气流通过收水器时，大颗粒水滴撞击并附着在集水板上，然后沿集水板落下以达到收水目的。其中有一部分微小液滴及大颗粒在撞板后粉碎成的小颗粒被主气流带走，液滴直径越小，越容易跟随空气排入大气中，造成水损失。如果能将随风带走的小液滴通过一定方式聚集形成能够收集到的大液滴，将会节省大量用水。

综上所述，波纹板的结构改善了流场，能够有效增加水的溅散范围，使得水滴与收水器的接触面积增大，从而减少水滴与空气的接触时间，降低水的流失率。此外，波纹板的结构还能增加气流阻力，有助于冷却塔内的空气流动，提高冷却效率。

2.4.2 波纹板收水器的收水原理

当气流速度增加时，液滴的韦伯（Weber）数也逐渐增大，由于气流在波纹板通道内的流速不断变化，液滴所受的合力与界面张力难以维持平衡状态，所以它们在气流中的运动状态不稳定，存在聚结和破碎的可能，聚结会产生大液滴的分层流动，而破碎则会产生更小液滴的扩散流动。依据波纹板的惯性分离原理，液滴质量越大越容易脱离气流而被分离；如果小液滴的惯性时间尺度与通道中旋涡的生存时间尺度相当，那么湍流效应对小液滴的运动的影响将会占据主导地位，使得小液滴能够随着旋涡有更多的机会撞击波纹板壁面而被捕集，因此波纹板的分离效率有所增加。当气流速度大于一定风速后，波纹板分离效率的实验值随气流速度的增加变化幅度很小，风速增加到一定值后分离效率反而有所减小。其主要原因是，当气流速度达到一定值后，气流的剪切力造成波纹板壁面液膜破碎，同时液滴撞击液膜还会引起一部分飞溅，从而在通道内产生了大量的二次液滴，这些液滴再次进入气流，导致分离效率下降。

综上所述，波纹板收水器是一种用于工业冷却塔中的设备，其主要功能是减少冷却塔运行过程中因蒸发和风吹造成的水损失。波纹板收水器的工作原理基于其特殊的结构设计，能够有效地截留并回收冷却塔内上升的水滴。

波纹板收水器的设计通常考虑了水滴的大小、空气的流速以及波纹板的形状和间距，以优化收水效率。这种收水器的设计有助于提高冷却塔的水利用率，减少水资源的浪费，并保持冷却塔的高效运行。

2.5 旋流收水器工作原理

2.5.1 旋流收水器流场

旋流收水器液滴粒径分布与波纹板相同，但液滴流动形态却因为内部的导叶结构发生变化。旋流收水器内部设计独特的导叶结构，能够将气流和液滴混合物的直线流动转变为旋转流动。液滴在旋流场中受到最重要的力是离心力，其方向远离旋流收水器的轴心。离心力的大小取决于液滴的质量、旋转半径和角速度。较大的液滴或较高的旋流速度都会增加离心力，使液滴轨迹发生变化，促使液滴更快地向收水器壁面移动，如图 2-11 所示；液滴在旋流场中频繁碰撞，碰撞结果可能是弹性的（无形态变化）或非弹性的（导致聚并）。聚并后的液滴体积增大，更易于在离心力作用下到达收水器壁面。在某些条件下，液滴可能因强烈的旋流而破裂成更小的液滴。这种现象增加了液滴的总表面积，有利于进一步的热质传递和聚合[11]。

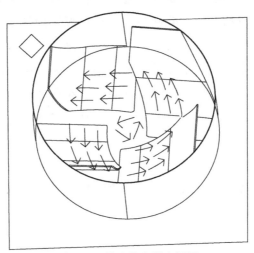

图 2-11　旋流收水器流场图

在湿空气中，液滴间存在着碰撞过程。液滴是否会发生碰撞与液滴间的距离有关，距离越近越容易发生碰撞，通过缩小距离可增加微小液滴间的碰撞。碰撞韦伯数对液滴的破碎和聚合有很大影响。

碰撞韦伯数定义为液滴惯性力与表面张力之比，即：

$$We = \rho_p |u_1 - u_s|^2 d_s / \sigma \qquad (2-34)$$

式中　　ρ_p——液滴的密度，kg/m^3；

　　u_1、u_s——较大和较小液滴的速度矢量；

　　　　σ——液滴的表面张力，N/m；

　　　　d_s——两液滴中较小的液滴的直径，m。

在旋流收水器内，液滴尺寸分布较广，较小的液滴具有良好的随流性，而较大的液滴随流性较差且向筒壁迁移，加上流场湍流脉动的影响，就为液滴间的碰撞提供了机会。旋流场中，因离心力径向迁移的大液滴受到切向来流的小液滴的碰撞，在轴线附近液滴切速度较小，碰撞概率较低，且以反弹碰撞为主，到达这部分的液滴大部分会随气流向上进入排气管。沿径向向外，切速度不断增大，不同粒径液滴间碰撞概率增大，随着液滴碰撞韦伯数增大，发生聚合碰撞。在外围准自由涡区，相互碰撞的大小液滴间相对速度增大，聚合碰撞的概率增大，液滴粒径不断增大，大液滴继续向外迁移，不断与切向来流的小液滴碰撞，这时液滴粒径比逐渐下降，碰撞后聚合的可能性更大，这样随着液滴径向向外迁移，液滴粒径逐渐聚合成大液滴，直到到达筒壁。可见液滴间的碰撞对气液旋流分离性能有重要的影响。

综上所述，由于旋流收水器的流场的旋流的作用，水滴在离心力的作用下向收水器的壁面移动，而空气则因为密度小而继续向上运动，这样可以实现更高效的汽水分离。

2.5.2　旋流收水器的收水原理

2.5.2.1　原理

新型旋流收水器的工作原理主要基于旋流造涡的物理现象。在这种收水器中，设计有特殊的导叶结构，当水汽上升时，通过导叶的作用，水汽由竖直上升状态变为旋转湍流状态。这种旋转运动为液滴聚并回收创造了条件。在离开收水器后，水汽涡旋继续保持旋转状态，上升位移内，旋转态上升的水汽粒子相比直线态上升在运动路程与时间方面获得延长，增加了粒子之间尤其是微小粒径的液滴之间的碰撞概率。原先垂直上升逃逸的小液滴被聚并为大液滴回落并得到收集。通过这种方式，新型旋流收水器能够有效提高收水效率，尤其适用于工业冷却塔等需要高效节水的场合。

2.5.2.2 旋流收水器特点

(1) 高效汽水分离能力

① 液滴旋转运动。新型旋流收水器采用先进的旋流技术，考虑了流体动力学原理，通过合理的入口形状和内部导流结构，使得水流在旋流室内形成强烈的旋转运动，使湿空气的流动状态由层流变为湍流，增大了液滴之间的碰撞概率，加速了汽水分离过程，能够有效地将空气中的水分分离出来，提高收水效率。

② 动程增加、聚并增加。在同等高度的条件下，水滴在旋转状态中所经过的路径要比直线上升时的路径长得多，这使得水滴之间以及水滴与收水器壁面之间的碰撞次数大幅增加，打破"临界水"的气液平衡状态，使直径较小的液滴快速碰撞融合成直径较大的液滴，从而更容易地落回冷却塔的储水系统中。

(2) 提高微小粒子的回收能力

根据《火电厂冷却塔中纤维复合材料集水装置的结构设计及性能研究》的数值计算与物理实验数据，得到图 2-12 的曲线[5]。为更好地解释收水器的节水规律，依据液滴直径分为五个区域。在 $20\mu m$ 处，旋流收水器收水率曲线出现拐点，是依据 2m/s 风速情况和实验室环境得到的。根据风速等参数的变化，该拐点将会随之发生不同程度偏移，但其曲线规律满足图 2-12。d 为靠自重滴落的液滴直径，由公式可以计算出，塔内气流密度 ρ_g、阻力系数 ξ、液滴密度和速度决定了滴落液滴的大小。

$$d=\frac{3\xi\rho_g v^2}{4g\ (\rho_1-\rho_g)} \tag{2-35}$$

综上所述，如表 2-1 所示，新型旋流收水器对于小于 $50\mu m$ 的微小液滴收水率较波纹板收水器高出很多。而传统波纹板结构，湿空气由收水器底部进入，流经波纹板收水器后的湿空气流场比较均匀，直径相对较大的液滴由于惯性力的作用不能及时随气流方向改变而改变，从而碰撞到波纹板壁面被收集；另一部分直径较小的液滴与气流的跟随性较好，在风速较小时动量小，更易于随气流被带出波纹板收水器，且湿空气流场均匀，粒子之间碰撞概率小，波纹板收集的微小液滴直径在 $50\mu m$ 以上。

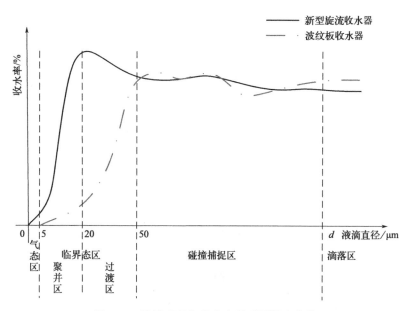

图 2-12 液滴直径与收水率关系预拟合曲线

表 2-1 直径与收水率拟合曲线分析

区域	直径区间/μm	液滴聚并效果	旋流收水器	波纹板收水器
气态区	0~5	比较微弱	可捕捉	无法捕捉
聚并区	5~20	涡流环境聚并效果明显,迅速形成大于气流托力的液滴	捕捉量最大,由于该部分液滴由小液滴聚并而成,水质良好	捕捉量极小
过渡区	20~50	微小直径纯净液滴与小直径含杂液滴混合,聚并与破碎同时出现,部分液滴风吹飘失	捕捉量优于50μm以上液滴	捕捉量较小
碰撞捕捉区	50~d	液滴聚并现象不明显	通过液滴碰撞收水器壁面捕捉	通过液滴碰撞收水器壁面捕捉
滴落区	大于d	液滴无法聚并	由于投影实度小,收水率下降	投影实度饱满,收水率上升

◆ 参考文献 ◆

[1] 赵振国 . 冷却塔 [M]. 北京：中国水利水电出版社，2001.

[2] 郑水华 . 超大型冷却塔内气液两相流动和传热传质过程的数值模拟研究 [D]. 杭州：浙江大学，2012.

[3] 徐奇焕 . 小弧形塑料除水器在机力通风冷却塔上的应用 [J]. 中国电力 1984（02）：47-50.

[4] 鄂学全，徐永君，阚常珍 . 旋流式收水方法：CN02100050.6 [P].2006-05-17.

[5] 熊艳平 . 冷却塔纤维复合材料收水器性能的改性研究 [D]. 呼和浩特：内蒙古工业大学，2021.

[6] 邱莉 . 火电厂冷却塔中纤维复合材料集水装置的结构设计及性能研究 [D]. 天津：天津工业大学，2016.

[7] 许保玖 . 给水处理 [M]. 北京：中国建筑工业出版社，1979.

[8] 蒋展鹏 . 环境工程学 [M].2 版 . 北京：高等教育出版社，2006.

[9] 李治洁，张连强，李雪，等 . 湿式冷却塔收水器的研究进展 [J]. 盐科学与化工，2020，49（5）：7.

[10] 原水利电力部基本建设司 . 钢筋混凝土双曲线冷却塔的施工 [M]. 北京：中国水利水电出版社，1984.

[11] 白博峰，骆政园 . 流场中复杂液滴的变形运动与吸附 [J]. 科学通报，2015，60（34）：3349-3366.

3

新型旋流收水器的设计理论

3.1 冷却塔流场研究方法与分析

3.1.1 研究理论与方法

3.1.1.1 计算流体力学

计算流体力学（CFD）是一种分析方法，可对流体流动和热传导等有关的物理现象通过计算机数值计算与图像显示的方法进行分析，是建立在经典流体力学与数值计算基础上的一门新型的独立学科。实现分析的物理载体是计算机，虚拟载体是各种 CFD 软件，例如 CFX、Phoenics、Comsol、Fluent 等，可以对各种物理现象进行模拟分析。计算流体力学的基本思想是将空间离散成数量巨大的块，块与块之间则是离散点，每个点上用一组变量代替物理场在此处的数值，这组变量可以是温度值或者压力值等众多数值的集合。用有限个离散点上的变量值的集合代替在时间域和空间域上连续的物理场，例如针对速度场和压力场，可通过一定的原则及方式建立起关于这些离散点场变量之间关系的代数方程组，通过数值模型内的方程组建立这些点之间的输出输入关系，然后求解方程组，得到温度场或者压力场相应点上的值。计算流体力学可以看作通过方程实现的连续的数值计算。通过这种数值计算，我们可以将复杂的物理问题简化成求解方程组的过程，只需要赋予初值，就能够计算流场各处的数值大小和分布规律。

研究流动问题的方法有三种（图 3-1）：CFD、理论分析和实验测定。理论分析的特点是所得结果具有普遍性，包含各种影响结果的因素且影响因素清晰可见，为实验提供了理论依据。然而，过于繁复的考虑因素往往不能直接为实验开展提供帮助，需要简化理论模型，这样做既能降低实验难度也能节约实验成本。实验测定得到的结果通常是真实的，但实验往往受到模型尺寸、测量精度、观测设备和输出偏差结果的影响，而且成本高、周期长。

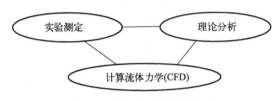

图 3-1　研究流动问题的方法

运用 CFD 软件进行模拟得到的数值解，不会受到上述限制，能够指导物理实验研究，并且还可以模拟一些实际中根本无法达到的条件，因此 CFD 软件的应用比较广泛。

首先，流动控制方程一般是非线性的，具有多个独立的变量，计算几何和边界条件的域比较复杂，难以得到解析解，可以用计算流体力学方法满足工程分析解决方案的需要；其次，可以用于各种数值模拟实验，如通过不同的流量参数的设定进行物理方程有效性和灵敏度的实验，可对不同方案进行对比；另外，这种方法不受物理模型和实验模型的限制，节省时间和金钱，还可以给出详细和完整的信息，对于特殊尺寸很容易模拟，对于有毒、高温、易燃等实际情况以及实验无法实现的理想条件也能够通过此方法模拟出来[1]。其缺点是计算流体动力学只能提供离散点数值解，无法提供解析表达式[2]。

CFD 软件采用不同的离散格式和数值方法，以期在特定的领域内使计算速度、稳定性和精度等方面达到最佳组合，从而高效率地解决各个领域的复杂流动计算问题。其可以分析和模拟涉及流体力学、分子运输、热交换等现象，也可以成为水利工程、节能环保工程、航空航天及土木工程等领域的辅助设计工具。

3.1.1.2　数值模拟

（1）控制方程离散方法

数值模拟前，要对计算模型进行离散。一般来说，计算区域被分成许多块和离散点来生成网格。网格是离散化的基础，节点是物理量的存储点，网格的质量对计算结果有很大影响。不同的离散方法对网格有不同的要求和用途，当使用不同的离散方法时，相同的网格布局将具有不同的效果。控制方程的离散方法有三个分支：

① 有限差分法（finite difference method）；

② 有限体积法（finite volume method）；

③ 有限元法（finite element method）。

有限体积法对网格的要求较低，守恒性好，所以后边章节中的离散方法采用该方法。

（2）**离散格式**

当使用有限体积法建立离散方程时，对控制体积的边界进行插值来得到不同的离散结果，因此插值方法通常被称为离散格式。表 3-1 给出了几种离散格式的特性对比。

表 3-1　几种离散格式的特性

离散格式	稳定性	精度与经济性
中心差分	条件稳定 $Pe \leq 2$	在不发生振荡的参数范围内可获得较准确的结果
一阶迎风	绝对稳定	可获得可接受的解，但当 Pe 数较大时，假扩散严重
二阶迎风	绝对稳定	精度比一阶高，但是仍有假扩散问题
混合格式	绝对稳定	$Pe \leq 2$ 时，性能与中心差分格式一样；$Pe > 2$ 时，性能与一阶迎风格式一样
指数格式 乘方格式	绝对稳定	主要用于无源项的对流-扩散问题。对有非常数源项的场合，当 Pe 数较高时有较大误差
QUICK 格式	条件稳定 $Pe \leq 8/3$	能减少假扩散误差，精度较高，应用较广泛，主要用于六面体或四边形网格
改进 QUICK	绝对稳定	性能与 QUICK 格式一样，但不存在稳定性问题

注：Peclet Number，缩写为 Pe 数，$Pe = \dfrac{对流速率}{扩散速率}$。

精度高、稳定性强、适应性广的离散方案（格式）是最好的，但这种理想的离散方案并不存在。一般来说，当稳定性条件满足时，截断误差较大的方案具有较高的精度。当使用低截断差分格式时，计算网格应该足够密集以减少扩散误差。

（3）**求解过程**

ANSYS 是美国 ANSYS 公司研制的一款辅助工程软件，可以进行有限元分析，具有功能强大、操作简单的优点，现已成为中外众多学者进行有限元分析的首选。本章使用 ANSYS 数值模拟并按照图 3-2 所示的流程进行。对冷却塔内流场进行数值模拟时，内部配水系统的管件等细小部件会对流场有较小影响，但是会对划分网格造成很大的困难，因此在前处理时要忽略掉这些部件。前处理使用的是的 Gemoetry 和 Icem 软件。首先使用 Gemoetry 软件构造冷却塔几何模型；然后使用 Icem 软件对模型创建网格，该软件用于预处理 CFD 模型，生成几何图形和网格，最后导入 Fluent 软件中设置求解。

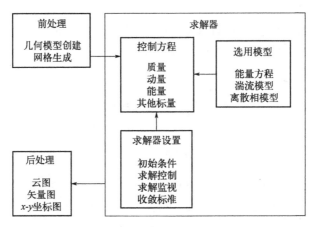

图 3-2　数值模拟流程图

（4）生成网格

创建模型的几何图形后可以进行网格划分。网格的建立对于通过解析解描述流体的流动是不可或缺的。网格数较少时计算速度快。网格数多提高了计算精度，但它们将大大延长计算时间，并要求较高的计算机性能。正因如此，生成合适的网格在 CFD 计算中占用了最多时间。

网格可划分为结构化网格和非结构化网格。结构化网格内部具有形状非常规则的面或者块，排列也比较整齐。所以结构化网格的模型与实际模型更接近，其优点有：

① 网格生成速度快，质量好；

② 容易实现区域边界拟合；

③ 数据结构简单。

对一些复杂结构划分结构化网格往往不能取得满意的网格质量，因此非结构化网格应运而生。与结构化网格不同的是，非结构化网格内部点并没有相邻单元，网格单元和节点间没有确定排布规律，完全随机。其优点是：

① 适用于复杂结构的网格划分；

② 生成过程不需求解任何方程；

③ 其随机的数据结构很容易作网格自适应，以便更好地捕获流场的物理特性。

（5）边界条件及初始条件

边界条件是指求解的物理量在边界上的变化规律，随着时间的改变而改变。边界可分为流固交界面边界和气液交界面边界：

① 流固交界面边界。流体流经冷却塔内部和外部壁面的边界就是流固交界面边界。无黏性空气沿壁面滑移，有速度的法向分量：

$$\nu_n|_F = \nu_n|_S \tag{3-1}$$

式中 $\nu_n|_F$——空气法向速度分量，m/s；

$\nu_n|_S$——固壁对应点法向速度分量，m/s。

② 气液交界面边界。水跟空气接触面是气液交界面边界，运动学条件为：

$$\frac{\partial F}{\partial t} + \boldsymbol{u} \cdot \nabla F = 0 \tag{3-2}$$

式中 $\boldsymbol{u}$——空气的速度；

F——接触面上所有物理变量。

当不考虑表面张力时，接触面压强：

$$p = p_a$$

式中 p_a——大气压强，101.325kPa。

在进行边界选择的时候一定要结合工况选择合适的边界。这时候要注意几点：首先选择边界条件要与基本物理事实相符，这样对于结果的收敛具有很大帮助，例如有进口边界则必须有出口边界，否则计算不能得到收敛的解；其次流动域出口的大小往往要进行延伸，不能太靠近障碍物，例如当对风扇进行数值模拟时，不能将出口边界放在扇叶不远处，这是因为边界离障碍物太近的话，流动不能充分发展（有回流、涡流等）而导致误差，因此要延长出口边界到扇叶间的流域长度。瞬态问题中，除了要设置边界条件外还要给出初始条件，也就是流动区域（流域）内各计算式的初始值，一般而言，在计算前进行初始化即可达到要求。

（6）湍流模型

层流是当雷诺数小于某值时的流动情况，层流的流动特点是有序平滑的。当雷诺数大于该值后，流动情况变得复杂无序，最后导致流动特征的本质变化，即使使用与层流相同的边界条件，流动也是混乱的，这叫作湍流。

现代工程中，应用最多是两方程模型。这类模型通过湍流黏度（turbulent viscosity）来代替湍流应力，从而跳过 Reynolds 应力项计算。两方程模型中，标准 k-ε 湍流模型是最典型的模型，该模型引进了湍流动能 k 和耗散率 ε，这两个是基本未知量，相对应的输运方程为：

$$\frac{\partial(\rho k)}{\partial t}+\frac{\partial(\rho k u_i)}{\partial \chi_i}=\frac{\partial}{\partial \chi_j}\left[\left(\mu+\frac{u_j}{\sigma_k}\right)\frac{\partial k}{\partial \chi_j}\right]+G_k+G_b-\rho\varepsilon-Y_M+S_k \quad (3-3)$$

$$\frac{\partial(\rho\varepsilon)}{\partial t}+\frac{\partial(\rho\varepsilon u_i)}{\partial \chi_i}=\frac{\partial}{\partial \chi_j}\left[\left(\mu+\frac{u_j}{\sigma_\varepsilon}\right)\frac{\partial \varepsilon}{\partial \chi_j}\right]+C_{1\varepsilon}\frac{\varepsilon(G_k+C_{3\varepsilon}G_b)}{k}-C_{2\varepsilon}\rho\frac{\varepsilon^2}{k}+S_\varepsilon \quad (3-4)$$

式中　G_k——由平均速度梯度引起的湍流动能 k 的产生项；

　　　G_b——由浮力引起的湍流动能 k 的产生项；

　　　Y_M——可压湍流中脉动扩张；

　　　$C_{1\varepsilon}$——经验常数，可取 1.44；

　　　$C_{2\varepsilon}$——经验常数，可取 1.92；

　　　$C_{3\varepsilon}$——经验常数，可取 0.09；

　S_k、S_ε——自定义源项；

　　　u_i——空气在 i 点（方向）的速度值；

　　　u_j——空气在 j 点的速度值；

　　　χ_i——空气在 i 点的含湿量；

　　　χ_j——空气在 j 点的含湿量；

　　　σ_k——k 方程的湍流普朗特数，取值为 1.0；

　　　σ_ε——ε 方程的湍流普朗特数。

其中 G_k 的计算公式为：

$$G_k=\mu_i\left(\frac{\partial u_i}{\partial \chi_j}+\frac{\partial u_j}{\partial \chi_i}\right)\frac{\partial u_i}{\partial \chi_j} \quad (3-5)$$

式中　μ_i——湍流黏性系数。

对不可压流体，$G_b=0$；对可压流体，G_b 计算公式为：

$$G_b = \beta g_i \frac{\mu_i}{0.85} \times \frac{\partial T}{\partial \chi_i} \qquad (3\text{-}6)$$

式中　　g_i——重力加速度的 i 向分量；

　　　　β——热膨胀系数；

　　　　T——气体温度函数。

对不可压流体，$Y_M = 0$；对可压流体，Y_M 计算公式为：

$$Y_M = 2\rho\varepsilon M_1^2 \qquad (3\text{-}7)$$

式中　　M_1——湍动 Mach 数。

当流体为不可压流体，且不考虑用户自定义源项时，可令 $G_b = 0$，$Y_M = 0$，$S_k = 0$，$S_\varepsilon = 0$，这时可以将式（3-3）、式（3-4）简化为：

$$\frac{\partial(\rho k)}{\partial t} + \frac{\partial(\rho k u_i)}{\partial \chi_i} = \frac{\partial}{\partial \chi_j}\left[\left(\mu + \frac{u_j}{\sigma_k}\right)\frac{\partial k}{\partial \chi_j}\right] + G_k - \rho\varepsilon \qquad (3\text{-}8)$$

$$\frac{\partial(\rho\varepsilon)}{\partial t} + \frac{\partial(\rho\varepsilon u_i)}{\partial \chi_i} = \frac{\partial}{\partial \chi_j}\left[\left(\mu + \frac{u_j}{\sigma_\varepsilon}\right)\frac{\partial \varepsilon}{\partial \chi_j}\right] + C_{1\varepsilon}\frac{\varepsilon}{k} - C_{2\varepsilon}\rho\frac{\varepsilon^2}{k} \qquad (3\text{-}9)$$

标准 k-ε 模型由于其强大的适用性而被广泛使用，但是其也有一些不足之处：

① 标准 k-ε 模型是用来计算高 Re 数的湍流模型，这意味着湍流的发展非常充分，不可适用于低 Re 数的流动，例如近壁处的流动，在越贴近壁面的地方流动越偏向于层流，这时候的 k-ε 模型就不尽如人意了。为了解决这类低 Re 数流动问题，往往使用低 Re 数 t-ε 模型或者采取壁面函数法。

② 标准 k-ε 模型可以应用于大多数的湍流模拟，但是对于强旋流、弯曲壁面流动等问题却不能够提供足够精度的模拟。

为了更好地解决这类问题，有人提出了 RNG k-ε 模型和 Realizable k-ε 模型。相比于标准 k-ε 模型，RNG k-ε 模型修正了湍流黏度。但是与标准 k-ε 模型一样，RNG k-ε 模型也无法更好地处理低 Re 数的流动和近壁面流动。

（7）离散相模型

冷却塔中的水相以液滴形式分布在连续的气相中，体积分数占比≤10%，所以可使用离散相模型模拟。Fluent 软件可以通过离散相模型计算每一个水颗粒的轨道以及颗粒与连续相的热质传递，而且离散相模型还能模拟液滴破碎、聚合、碰撞、蒸发，还可以考虑加入萨夫曼升力、虚拟质量力等多项力的作用。

气水两相间有强烈的传热传质关系，空气与水流场相互干扰，所以要进行双向耦合计算。先计算连续相的流场待到计算收敛后再添加离散相模型计算，离散相从塔内的入水口注入，速度方向向下，水滴全部统一为直径为1mm 的球形颗粒，以节约计算资源。连续相每迭代 10 次就更新一次离散相的状态，并记录水颗粒的相关信息。

3.1.2 冷却塔流场分析

3.1.2.1 控制方程的建立

（1）连续相控制方程

塔内空气流动是连续运动过程，基于欧拉法求解，当作稳态流动进行计算。整个运动过程可用六组方程来描述。

① 质量守恒方程：

$$\frac{\partial \rho}{\partial t}+\frac{\partial}{\partial \chi_i}(\rho u_i)=S_m \tag{3-10}$$

式中　ρ——空气密度，kg/m^3；

　　　u_i——空气在 i 方向的速度，m/s；

　　　S_m——单位时间冷却水蒸发量，$kg/(m^3 \cdot s)$。

② 动量守恒方程：

$$\frac{\partial}{\partial \chi_j}(\rho u_i u_j)=-\frac{\partial p}{\partial \chi_i}+\frac{\partial \tau_{ij}}{\partial \chi_j}+\rho g_i+F_i \tag{3-11}$$

式中　p——静压，Pa；

　　　g_i——i 方向重力加速度，m/s^2；

　　　F_i——i 方向外部体积力，N/m^3；

　　　τ_{ij}——应力张量。

③ 能量方程：

$$\frac{\partial}{\partial \chi_i}\left[\rho u_i(\rho E+p)\right]=\frac{\partial}{\partial \chi_i}\left[K_{eff}\frac{\partial T}{\partial \chi_i}+(\tau_{ij})_{eff}u_j-\sum h_l J_l\right]+S_h \tag{3-12}$$

式中　K_{eff}——有效传导系数，下角标 eff 表示有效值；

　　　E——能量；

　　　h_l——组分 l 的对流传热值；

　　　J_l——组分 l 的扩散度；

　　　S_h——辐射换热源项，数值相对较小，可以忽略不计。

④ 组分方程：

$$\frac{\partial}{\partial \chi_i}(\rho u_i m_l) = \frac{\partial}{\partial \chi_i}\left(\Gamma_l \frac{\partial m_l}{\partial \chi_i}\right) + R_l \tag{3-13}$$

式中　m_l——第 l 种组分的质量分数；

　　　Γ_l——组分 l 的交换系数；

　　　R_l——组分 l 的生成速率。

⑤ 湍动能方程：

$$\frac{\partial}{\partial \chi_i}(\rho k u_i) = \frac{\partial}{\partial \chi_j}\left[\left(\mu + \frac{\mu_l}{\sigma_k}\right)\frac{\partial k}{\partial \chi_j}\right] + G_k + \rho \varepsilon \tag{3-14}$$

式中　μ——空气动力黏性系数，kg/（m² • s）；

　　　μ_l——组分 l 的空气黏度；

　　　u_i——湍流黏性系数，N/（s • m²）；

　　　σ_k——k 方程的湍流普朗特数，取值为 1.0；

　　　G_k——速度梯度引起的 k 方程的产生项。

其中 u_i 和 G_k 的计算公式为：

$$u_i = \rho C_\mu \frac{k^2}{\varepsilon} \tag{3-15}$$

$$G_k = \mu_i \sigma^2 \tag{3-16}$$

式中　σ——表面张力系数；

　　　C_μ——湍流模型常数，取值为 0.0845。

⑥ 湍动能耗散率方程：

$$\frac{\partial}{\partial \chi_i}(\rho \varepsilon u_i) = \frac{\partial}{\partial \chi_j}\left[\left(\mu + \frac{\mu_i}{Pr_t}\right)\frac{\partial_\varepsilon}{\partial \chi_j}\right] + C_{1\varepsilon}\rho G_k \frac{\varepsilon}{k} - C_{2\varepsilon}\rho \frac{\varepsilon^2}{k} \tag{3-17}$$

式中　Pr_t——湍流普朗特数，取值为 0.53；

　　　$C_{1\varepsilon}$——湍流模型常数（经验常数），取值为 1.42；

　　　$C_{2\varepsilon}$——湍流模型常数，取值为 1.68。

（2）离散相控制方程

冷却塔内的水滴使用离散相模型进行模拟，在拉格朗日坐标系下计算水滴轨迹、速度、热量和动量传递。

水滴的轨迹与速度的运动方程：

$$\frac{\mathrm{d}r_p}{\mathrm{d}t} = v_p \tag{3-18}$$

式中　r_p——水滴轨迹；

　　　v_p——水滴瞬时速度，m/s。

水滴的运动轨迹受到惯性力、浮力、曳力等多种力的影响，在这些力的作用下，液滴达到动平衡状态。水滴的受力可描述为：

$$\frac{dv_p}{dt}=F_D(v-v_p)+\frac{g(\rho_p-\rho)}{\rho_p}+F_x \tag{3-19}$$

式中　v——空气速度，m/s；

　　　ρ_p——水滴密度，kg/m^3；

　　　ρ——空气密度，kg/m^3；

　　　F_D——水滴受到的曳力；

　　　F_x——附加加速度。

F_D 由下式求解：

$$F_D=\frac{18\mu}{\rho_p D_p^2}\times\frac{C_D Re}{24} \tag{3-20}$$

式中　μ——空气黏度，$kg/(m\cdot s)$；

　　　D_p——水滴直径；

　　　C_D——曳力系数。

Re 表示水滴与空气间的相对速度，其计算公式为：

$$Re=\frac{\rho D_p|v_p-v|}{\mu} \tag{3-21}$$

通常把水滴简化为光滑的球形液滴，C_D 的计算公式为：

$$C_D=a_1+\frac{a_2}{Re}+\frac{a_3}{Re^2} \tag{3-22}$$

式中　a_1、a_2、a_3——常数。

水滴在喷淋区、填料区、雨区运动过程中与不同温度的连续相空气换热，这是个连续进行的过程，水滴的温度变化的计算公式为：

$$m_p c_{p,p}\frac{dT_p}{dt}=hA(T_a-T_w)+\frac{dm_p}{dt}r_{w,p} \tag{3-23}$$

式中　m_p——离散相的质量，kg；

　　　T_p——控制体内离散相的温度；

　　　$r_{w,p}$——离散相的汽化潜热，kJ/kg；

　　　A——气液接触面积，m^2；

T_a 和 T_w——连续相和离散相的温度，K；

h——传热系数，W/(m^2·K)；

$c_{p,p}$——离散相比热，kJ/(kg·K)。

冷却水的蒸发过程中，气液两相进行了大量的热质交换，水滴的蒸发速率的计算公式为：

$$\frac{\mathrm{d}m_p}{\mathrm{d}t}=Ah_d(C_p-C_a)M_p \tag{3-24}$$

式中　M_p——水滴摩尔质量，kg/mol；

C_p——离散相表面水蒸气浓度，mol/kg；

C_a——连续相中的水蒸气浓度，mol/kg；

h_d——离散相传质系数，kg/(m^2·s)；

m_p——离散相的质量，kg。

水滴的蒸发量的计算公式为：

$$\frac{\mathrm{d}m_p}{\mathrm{d}t}=A\frac{k_C}{R}\left(\frac{P_{sv}}{T_w}-C\frac{P_v}{T_a}\right) \tag{3-25}$$

式中　k_C——传质系数，kg/(m^2·s)；

R——空气的回流率，通常取 287.14；

C——气体浓度；

P_{sv}——与水温相对的饱和水蒸气压强，kPa；

P_v——与气温相对应的水蒸气压强，kPa。

（3）气液两相的耦合

在计算颗粒轨迹时，液滴颗粒在路程中损失的热量，质量和动能会以源项的形式加入之后连续相的计算中，连续相的计算结果也会再反过来影响到离散相的计算，就这样循环求解连续相和离散相方程的解。当解收敛后，计算结束[1]。

① 液滴热量损失：

$$Q=\left[\frac{\overline{m_p}}{m_{p,o}}c_{p,p}\Delta T_p+\frac{\Delta m_p}{m_{p,o}}\left(-\gamma_o+\int_{T_{red}}^{T_p}c_{p,v}\mathrm{d}T\right)\right]M_{p,o} \tag{3-26}$$

式中　$\overline{m_p}$——控制体内水滴平均质量，kg；

$m_{p,o}$——水滴初始质量，kg；

ΔT_p——控制体内离散相的温度变化，K；

Δm_p——控制体内离散相的质量变化，kg；

γ_0——水滴的初始热量；

$c_{p,v}$——水蒸气比热，kJ/（kg·K）；

$M_{p,o}$——水滴的初始质量流率，kg/s；

T_{red}——参考温度，K。

② 液滴动量损失：

$$F = \sum \left[\frac{3\mu C_D Re}{4\rho_p D_p^2}(v_p - v) + F_{other} \right] M_{p,o} \Delta t \tag{3-27}$$

式中 F_{other}——相间的作用力。

③ 液滴质量损失：

$$M_l = \frac{\Delta m_p}{m_{p,o}} M_{p,o} \tag{3-28}$$

3.1.2.2 冷却塔内流体环境分析

如图 3-3 所示，湿式冷却塔的气液两相流动过程分三个区域。在喷淋区，循环水经喷嘴喷出后向下运动，与向上运动的湿热空气进行传热传质，直到落在填料上端。在填料区，水滴附着在填料板上形成液膜。液膜在填料底端汇聚成液滴下落，经过雨区落入集水池中。空气则由进风口进入，自下而上流动，依次在雨区、填料区和喷淋区与冷却水进行换热。

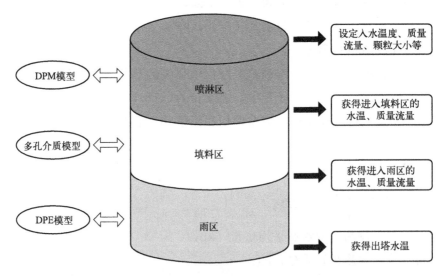

图 3-3　湿式冷却塔的气液两相流动过程

DPM—离散相模型

双曲线冷却塔高大塔体的建造主要是为了保证塔内、外足够的压差以满足冷却热水所需要的空气量。其底部圆形直径较大，可最大限度地流入空气从而提高冷却效率。由于向上塔体直径变小，这时冷空气接触到热水，流速加快，快速带走热水中的热量，气体体积受到压缩可提高压力，从而增强流体的含热能力；塔体上部直径再次扩大，气体到达最上部速度减慢、压力减小，携带了大量热量的流体又将所含的热量释放出来，最终形成白色水蒸气排放流失[1]。

对冷却塔空塔内单相流压降模拟，研究复合材料收水器的应用环境内压力与速度情况。空塔模型如图 3-4 所示。

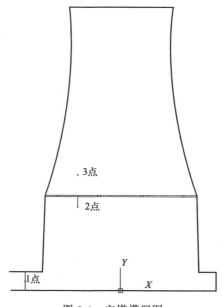

图 3-4　空塔模型图

对塔内三个有代表性的位置点进行压降模拟。图中 1 点位于空气进口处中心位置，2 点位于最左边收水器进口的中心位置，3 点位于最左边收水器出口的中心位置。1、2、3 点坐标分别为（−947，94）、（−427，818）、（−427，1128）。

通过单相流对空塔压降进行模拟，比较不同气流速度的情况下 1、2、3 点的全压变化。

表 3-2 为不同气流速度下各位置点的全压情况。

表 3-2　不同气流速度下不同位置点全压值　　　　　单位：Pa

位置点速度/(m/s)	1	2	3	压降
1.0	0.96202	0.15955	6.14651	5.18449
1.5	1.86483	0.2406	0.21907	−1.64576
2.0	3.10608	0.21363	−1.42089	−4.52697
2.5	4.56546	−0.22561	0.35289	−4.21257
3.0	2.98793	0.59349	−0.01824	−3.00617

图 3-5 为不同流体速度下不同位置的全压曲线，横坐标为速度变化，纵坐标为全压变化。图例中 1、2、3 分别对应塔内 1、2、3 点位置。从图中可以看出，3 点位置的全压变化最大。从总体趋势看来，位置与速度之间是非线性关系。

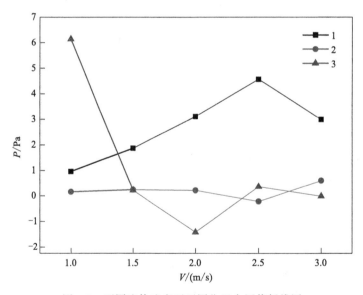

图 3-5　不同流体速度下不同位置全压值折线图

由于冷却塔内流体速度范围为 1～3m/s，因此，对 1m/s、1.5m/s、2m/s、2.5m/s 和 3m/s 的风速情况下，整塔内的全压情况进行模拟分析。从整塔全压云图（图 3-6～图 3-10）可以看出，速度越大，进出口的压降越大。在填料与淋水盘之间的区域压力值较小，形成涡[2]。

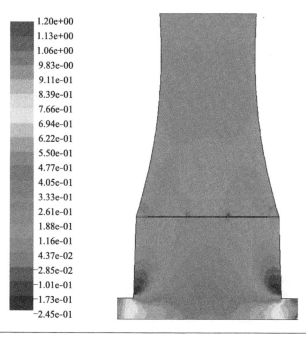

Contours of Total Pressure (pascal) (Time=5.0000e+00) Dec 19, 2014
ANSYS FLUENT 13.0 (2d, pbns, ske, transient)

图 3-6　速度为 1m/s 时，整塔全压云图

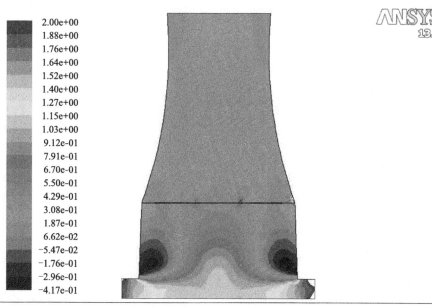

Contours of Total Pressure (pascal) (Time=5.0000e+00) Dec 19, 2014
ANSYS FLUENT 13.0 (2d, pbns, ske, transient)

图 3-7　速度为 1.5m/s 时，整塔全压云图

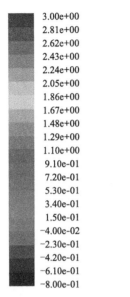
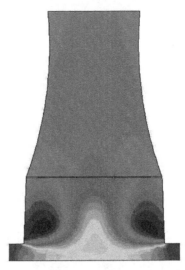

Contours of Total Pressure (pascal) (Time=5.0000e+00)

Dec 18, 2014
ANSYS FLUENT 13.0 (2d, pbns, ske, transient)

图 3-8　速度为 2m/s 时，整塔全压云图

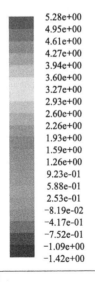
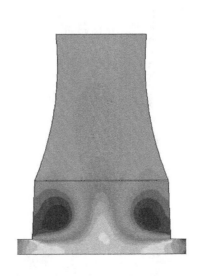

Contours of Total Pressure (pascal) (Time=5.0000e+00)

Dec 19, 2014
ANSYS FLUENT 13.0 (2d, pbns, ske, transient)

图 3-9　速度为 2.5m/s 时，整塔全压云图

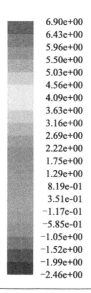

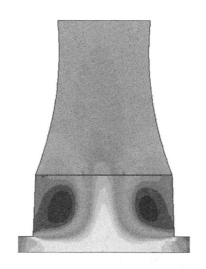

Contours of Total Pressure (pascal) (Time=5.0000e+00)	Dec 18, 2014 ANSYS FLUENT 13.0 (2d, pbns, ske, transient)

图 3-10　速度为 3m/s 时，整塔全压云图

3.2　冷却塔流场变化的机理

3.2.1　涡旋形成的机理

当流体被迫绕过障碍物或经历速度变化时，流体粒子会围绕轴线旋转，形成涡旋（图 3-11），使得流场改变。涡旋的形成和发展受到流体的惯性力、压力和摩擦力的影响。在汽水的旋转流动中，涡旋的形成是一个复杂的流体动力学过程，主要受 3.2.1.1～3.2.1.6 几个因素的影响。

3.2.1.1　流体的初始条件

涡旋的形成可以通过外界的扰动引起，例如流体中的障碍物或边界的变化。当流体受到扰动时，扰动会通过流体的相互作用扩散并逐渐形成涡旋。这是因为涡旋周围的流体有着不同的速度和压力，导致流体在涡旋区域内的旋转运动。当汽水以一定的速度和方向进入旋转系统时，流体的初始速度分布会导致流体粒子在不同位置具有不同的速度分量，这些速度分量的差异是

81

涡旋生成的种子。

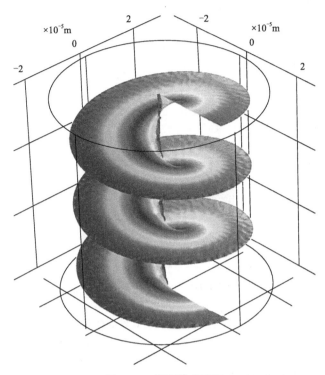

图 3-11　涡旋形成原理

3.2.1.2　流体的黏性和惯性

　　流体的黏性是指流体内部相邻层之间由于相对运动而产生的阻力。这种阻力与流体层的相对速度成正比，并且与流体分子间的相互作用有关。黏性的大小通常由流体的动力黏度（μ）来表征，动力黏度是一个材料属性，表示流体抵抗剪切变形的能力。在流体力学中，牛顿流体的黏性剪切应力与速度梯度之间的关系遵循牛顿内摩擦定律，可以表示为：

$$\tau = \mu \frac{\mathrm{d}u}{\mathrm{d}y} \tag{3-29}$$

式中　τ——剪切应力；

　　　μ——动力黏度；

　　$\mathrm{d}u/\mathrm{d}y$——速度梯度。

　　黏性是流体内部分子间的内聚力，它影响流体的流动性质。在涡旋的形成过程中，黏性起到了至关重要的作用。高黏性的流体会增加流体分子间的相互作用，这使得流体更难分离和重新附着，从而影响涡旋的形成和演化。具体来说，黏性会导致流体在物体表面的黏附程度增加，形成较大的涡旋区域，增大涡旋阻力。

流体的惯性是指流体质点由于其质量而具有的抵抗速度变化的性质。在流体动力学中，惯性效应通常与流体的密度和速度场的变化率有关。流体的惯性效应在纳维-斯托克斯方程中体现为对流项，即流体速度与其梯度的乘积，这一项描述了流体质点因惯性而试图维持其原有运动状态的倾向。流体的惯性力与流体的密度和速度的变化率成正比，与黏性力一起决定了流体的流动行为。

在涡旋的形成中，惯性影响流体质点对加速度或减速的响应。当流体的惯性较大时，流体质点倾向于保持其原有运动状态，这可能会促进涡旋的形成，尤其是在流体被迫突然改变方向或速度时。惯性还会影响涡旋的强度和稳定性，因为涡旋中心的流体质点在旋转时会尝试维持其直线运动的趋势。

因此，流体的黏性会影响涡旋的大小和强度，而惯性则决定了流体响应旋转运动的能力。在黏性较低的流体中，涡旋可以保持较长时间的结构完整性。

3.2.1.3　流体速度场的旋度

流体速度场是一个矢量场，其旋度用于描述流体在空间中的旋转特性。旋度在数学上表示为涡量，符号为 $\boldsymbol{\Omega}$，计算公式为：

$$\boldsymbol{\Omega} = \nabla \times \boldsymbol{v} \tag{3-30}$$

式中　∇——梯度算子；

　　　$\times$——向量积；

　　　$\boldsymbol{v}$——流体的速度矢量场。涡量的大小表示流体在某一点附近的旋转
　　　　　强度，涡量的方向则按照右手定则确定，指向旋涡的轴线正向。

旋度对涡旋的形成起着决定性作用。根据流体动力学的基本原理，当流体速度场的旋度不为零时，即存在旋度场，涡旋结构就会形成。涡量在接近涡旋轴的部分极高，但在涡旋的其他区域趋近于 0，表明涡旋中心是流体旋转最强烈的区域。

综上所述，流体速度场的旋度是涡旋形成的直接驱动力，它决定了涡旋的初始强度和演化潜力。在分析流体动力学问题时，旋度是一个关键参数，

有助于预测和控制涡旋的行为。

3.2.1.4　流体动力学不稳定性

流体动力学中的不稳定性，如剪切不稳定性和对流不稳定性，可以导致流体流动模式的改变，从而促进涡旋的生成。流体动力学不稳定性可以通过多种机制诱发涡旋的形成。例如，当流体流过物体或穿过不同速度的区域时，流体的速度剖面可能会变得不均匀，这种不均匀性可以成为涡旋形成的种子。此外，外部扰动，如风、振动或其他流体流动的干扰，也可以触发涡旋的生成。在某些情况下，流体的几何不稳定性，如流体流经复杂形状的物体，也会导致涡旋的形成。

3.2.1.5　边界层效应

在流体流动接近固体表面时，会形成边界层，边界层是流体流动中紧贴固体表面的一层流体，其中流体速度从零（在固体表面）逐渐增加至自由流速。边界层内的流体速度低于自由流动区的速度（自由流速），这种速度梯度可以诱发涡旋的生成。在边界层内部，流体的运动受到固体表面的约束，导致速度、压力和温度等物理量的分布与自由流动有所不同。

3.2.1.6　流体的几何约束

流体的几何约束是指流体流动时受到的空间形状限制，这些限制可以是固体边界、流体内部的障碍物或流动通道的形状，如弯曲的管道、障碍物或旋转设备，会迫使流体粒子沿着特定路径移动，这种约束可以促使涡旋的形成。

（1）限制涡旋的生成位置

流体在流动过程中，几何约束可以决定涡旋可能形成的位置。例如，在管道或狭缝中，涡旋倾向于在流体速度突然改变的地方生成，如弯头或收缩段之后。

（2）影响涡旋的大小和强度

几何约束可以限制涡旋的尺寸，使得涡旋在受限空间内发展。在开放空间中形成的涡旋可能会更加庞大和松散，而在狭窄空间中形成的涡旋则相对紧凑和强烈。

（3）改变涡旋的演化路径

涡旋在受限的几何环境中会沿着特定的路径移动，这些路径受到边界的引导。涡旋可能会沿着墙壁或障碍物的边缘移动，或者在弯曲的管道中被挤压和拉长。

（4）促进涡旋的相互作用

在受限空间中，涡旋之间的相互作用更为频繁，可能导致涡旋的合并、分裂或相互缠绕，这些相互作用会改变涡旋的整体结构和动力学特性。

（5）影响涡旋的稳定性

几何约束可以增加涡旋的稳定性，因为边界可以提供额外的支持，防止涡旋过早解体。相反，过于复杂或不规则的边界可能会破坏涡旋的稳定性，导致涡旋更快地消散。

3.2.1.7 结论

在实际的汽水旋转流动中，涡旋的生成和演化是一个动态的过程。受到上述多种因素的综合作用，汽水在旋转流动时，会产生复杂的流场结构。这种流动通常伴随着涡旋的生成和演化，涡旋是流体中的局部旋转区域，它们对流体的动力学特性有着重要影响，包括流体的速度分布、压力分布和物质传输效率。在旋转流动中，流体的速度场、压力场和旋转场之间通过偏微分方程进行耦合，这些场的相互作用导致流场的改变。

旋转流动的升力效应可以导致汽水柱的轨迹发生偏转，并且在水面携带横向楔形射流侵入空泡内部。这种现象在高速旋转的物体入水时尤为明显，例如旋转圆球入水时，旋转运动的升力效应会导致入水弹道发生偏转，并影响空泡的演化和流场结构。

此外，旋转流动还会影响流体的混合和传热过程。由于涡旋的存在，流体内部的物质和能量交换变得更加复杂，这在化工和能源行业中非常重要，例如在蒸汽发生器中，旋叶式汽水分离器利用旋转流动来提高蒸汽的纯度。

在数值模拟中，通过建立汽水分离器的几何模型，并利用计算机辅助设计软件进行绘制和优化，可以得到分离器内蒸汽和水的分离情况、流场情况和流速等相关参数。这些模拟结果有助于理解汽水旋转流动如何改变流场，并指导实际工程设计和优化。

综上所述，汽水旋转流动改变流场的机理涉及涡旋的生成、流动场的相互作用以及升力和离心力的影响，这些因素共同作用导致流场结构的复杂化和流动特性的变化。通过实验观察和数值模拟，可以更深入地理解这些现象。

3.2.2 液滴聚合破碎

3.2.2.1 液滴聚合破碎的研究进展

液滴聚合破碎是指在特定的流体动力学条件下，液滴相互接触、合并后又迅速分裂成更小液滴的过程。这个现象在喷雾技术、燃料喷射、大气污染控制等领域具有重要的应用背景和科学意义。近些年的研究进展主要集中在液滴聚合破碎的机理、预测模型的发展以及不同液体特性对破碎行为的影响。

液滴聚并（聚合）是一个与体系界面性质、界面迁移和两相中扩散等诸多因素都有关系的复杂过程。搅拌槽中的流动区域常可分成两部分：破裂区和聚并区。为了分析分散体系内的液滴破碎与聚并过程，以 Coulaloglou 和 Tavlarides 为代表的研究者采用群体平衡方程模型对分散体系内液滴破碎和聚并进行模拟。有学者以交互式平衡定量混合物系统为研究对象，忽略系统的量和质量传递，只考虑液滴尺寸的影响，研究液滴的消亡形式和产生形式。消亡形式为破碎为更小的液滴，而产生形式为聚并为更大液滴。

对液滴的聚并与破碎机理和液滴尺寸分布进行的研究有：Howarth 认为当两个液滴碰撞速度超过临界值后就会发生聚并现象；Coulaloglou 和 Tavlarides 假设湍流情况下破碎取决于湍流动能和液滴表面能，聚并取决于两液滴的接触时间，进行了研究；Tsouris 和 Tavlarides 研究了液滴界面间的滑动对聚并的影响；陈中等对模型进行了修改，提高了精度；赵宗昌研究了分散相黏度因素对液滴的作用；Kitron 研究了液滴间的碰撞对液滴直径分布的影响；Marion 假设碰撞只发生在直径大小相同的液滴之间，对气流湍流度对液滴的碰撞影响进行了实验研究。

目前对于液滴碰撞的数值模拟主要集中在两类：传统的网格方法〔如 VOF（流体体积）法、移动网格表面跟踪法和有限元法等〕和无网格方法（如分子动力学方法、格子玻尔兹曼方法和光滑粒子流体动力学方法等）。Rourke 提出的液滴碰撞聚合数学模型，网格依赖性很强、计算量大、工程计算精度低；在此基础上，Bird 提出了 TAB（泰勒类比碎裂）模型，主要取决于所假定的液滴分布情况；Schmidt 提出了 NTC（无时间计数器）模型，减小了计算量，动量的耦合计算相对困难；Blanchette 采用了实验和数值模拟的方法对表面张力系数、液滴直径对静止液滴合并的影响进行了研究。

综上所述，前人已对液滴的碰撞过程及数值计算进行了大量的研究，但对涡环境下液滴碰撞聚并的机理研究较少[1]。

3.2.2.2　气液分散体系中两液滴相互碰撞过程

气液相变和气液分离过程是自然界和工业领域中最广泛的现象之一，例如在自然界中雨雪的形成降落过程、海水淡化过程等，在农业中农药的喷洒过程等，在工业领域的内燃机气缸中的燃烧过程、污水处理过程等。气液相变过程如冷凝过程、蒸发过程等等，涉及生活的方方面面。上述看似毫不相关的领域的过程却隐含着同一个科学问题，即在这几种现象中广泛存在着气液相变和液滴尺度的问题。在雨雪的形成降落过程中，小雾滴只有相互碰撞成为大液滴，其重力才能克服气流作用降落；海水淡化过程中，水分子选择性透过实现海水的淡化；在农药喷洒过程中，液滴的尺寸分布对杀虫效果影响显著；而在燃烧过程中，液滴的大小不仅影响燃烧效率，而且影响尾气排放，进而影响燃烧性能。

气液两相间相互作用过程是极为复杂的多尺度、非线性的流动过程，其本质原因在于气液两相中离散相粒子间复杂的相互作用以及时间、空间尺度上的多跨越性，因而在运动过程中离散相粒子不仅具有微观系统的微观特性，还能够拥有宏观系统中连续介质的力学和物理特点。

液滴的相互碰撞过程是流体动力学研究过程中的一种普遍现象，不仅在自然界中大量存在，而且在工程应用领域中也比较常见。因此，关于液滴碰撞过程的研究是在某些自然现象和有关工业领域的协同促进下向前进步的。在气液两相分离过程中，由于液滴为可变形颗粒，液滴间的相互作用过程以及气相作用会对液滴的尺度产生很大影响，在分离过程中由于液滴微观尺度变化而产生的影响在宏观上表现为气液分离性能的好坏。液滴在分离器中受气相作用及液滴间的相互作用发生碰撞使得小液滴聚积成为大液滴，在重力分离过程中液滴直径的二次方与其沉降速度正相关，液滴越易沉降就能越快分离，而聚结能够增大液滴直径，使大液滴更易被分离出去，提高分离性能；若碰撞后使液滴破碎为更小的液滴则难以实现分离。对液滴碰撞过程的研究，掌握液滴相互作用机理和规律，能够有利于改善和控制分离过程。

液滴碰撞过程有多种不同形式，但不同形式的液滴碰撞的动态变化过程差异很大。根据不同的分类方法，液滴碰撞过程的结果也是不同的。常见的液滴碰撞形式的分类方式及碰撞结果如图 3-12 所示[3]。

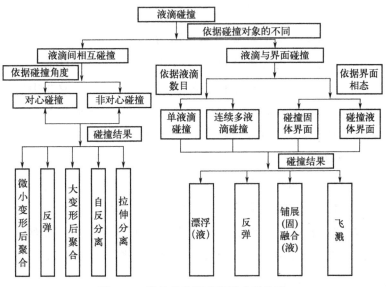

图 3-12　常见的液滴碰撞形式的分类

液滴的相互碰撞过程可以分为三个步骤：①液滴以一定速度相互接近；②由于流场的相互作用使得液滴间发生碰撞，在此过程中相互接触的界面膜被挤压发生变形；③受惯性力的作用液滴变形量进一步增大，当表面张力不能够维持液滴原本形状时，液滴在接触位置的液膜就会发生破裂，使得两个液滴发生碰撞聚结或破碎现象。当液滴以较小的相对速度发生碰撞时，液膜间的气体在接触前能够被排挤出去，这种情况下的两个液滴会发生缓慢的聚结；但随着液滴相对运动速度的不断增加，液滴间的气体不能被及时排挤出去，气体就会被压缩，在压缩气体的压力下液滴被弹开；当液滴间的相对碰撞速度继续增大时，液滴碰撞后会发生能量传递，使聚结后液滴的内部动能迅速增大，导致表面张力不能够维持原本状态，此时的液滴就发生振荡变形。通过对液滴碰撞变形过程的分析发现，液滴碰撞后发生的聚结、破碎或被反弹过程中，由于液滴是可变形颗粒，都会发生类球状的形变。

3.2.2.3　涡旋环境下的液滴破碎与聚并机理

现有的关于液滴的破碎和液滴的聚并的研究都不适合本节研究的液滴所

处的环境，而且本节针对涡流环境下液滴的聚并和破碎过程进行模拟，Fluent 现有模型均不符合要求，因此需要编写适用于涡流环境下的 UDF（用产自定义函数）。

（1）液滴碰撞聚并

液滴的碰撞聚并采用 VOF 模型，并结合适用于本节的特性聚并核函数，研究液滴发生碰撞时的聚并过程。

微小颗粒物在流动过程中，由于流场的作用，颗粒之间发生碰撞、聚并现象，一般将这种现象称为湍流聚并。固体颗粒碰撞聚并理论，通常根据 Stokes 数来划分颗粒尺度的大小，并将颗粒分为三类：零惯性颗粒、有限惯性颗粒和高惯性颗粒。零惯性颗粒可以完全跟随气相流动，任何液滴间作用或小尺度涡团都会对颗粒产生很大影响；高惯性颗粒的惯性极大，液滴之间的速度互不影响；有限惯性颗粒处于两种情况之间，大尺度含能涡团、小尺度耗散涡团及不同粒径液滴间的相对运动都会对其产生作用。编写聚并核函数的流程如图 3-13 所示。

Zaichik 提出了在各向同性湍流中的惯性颗粒湍流聚并核函数，式（3-31）表明了颗粒的碰撞率、颗粒平均径向相对速度以及颗粒径向分布函数之间的关系：

$$\beta = 2\pi d^2 \langle |W_r(d)| \rangle \tau(d) \tag{3-31}$$

式中　d——液滴直径；

　　　β——颗粒碰撞率；

　　　τ——颗粒径向分布函数，表征颗粒的不均匀分布，即颗粒的局部富集效应。设 V_{r1} 和 V_{r2} 分别为两液滴的径向速度，径向相对速度为：

$$W_r(d) = V_{r2} - V_{r1} \tag{3-32}$$

颗粒径向分布函数为：

$$\tau(d) = 1 / \left[1 - (\varepsilon_s / \varepsilon_{max})^{\frac{1}{3}} \right] \tag{3-33}$$

式中　ε_s 和 ε_{max}——颗粒浓度和填充状态下的颗粒浓度。

针对旋流收水器内涡环境，速度的方向及大小是随时间变化的，故对径向相对速度修正，改为涡场相对速度 $U(v)$。

$$\beta = 2\pi d^2 \langle |U(v)| \rangle \tau(d) \tag{3-34}$$

$$U(v) = U_{v2} - U_{v1} \tag{3-35}$$

式中　v——上升气流速度。

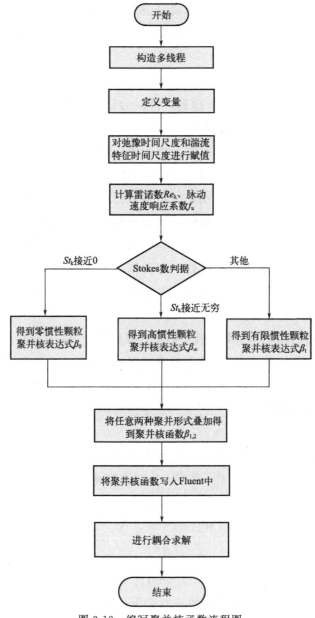

图 3-13　编写聚并核函数流程图

根据毕奥-萨伐尔公式：

$$U_{\mathrm{v}} = \frac{1}{4\pi} \iiint_{D} \frac{\omega(\varepsilon,\ \eta,\ \zeta) \times R}{R^{3}} \mathrm{d}\varepsilon \mathrm{d}\eta \mathrm{d}\zeta \qquad (3\text{-}36)$$

式中　　D——目标区域；

$\omega(\varepsilon, \eta, \zeta)$——旋度；

ε，η，ζ——目标区域 D 内的积分变量；R 为：

$$R=\left[(x_1-\varepsilon)^2+(x_2-\eta)^2+(x_3-\zeta)^2\right]^{1/2} \tag{3-37}$$

式中 x_1，x_2，x_3——流场任意点坐标；

R——流场任意点 (x_1, x_2, x_3) 到 $(\varepsilon, \eta, \zeta)$ 之间的距离，也可写为：

$$R=(x_1-\varepsilon)e_1+(x_2-\eta)e_2+(x_3-\zeta)e_3 \tag{3-38}$$

式中 e_1，e_2，e_3——x_1、x_2、x_3 对应的单位向量。

设直角坐标的 z 轴和涡线一致，Γ 为涡量强度，则：

$$\iint_a \omega \mathrm{d}\varepsilon \mathrm{d}\eta \mathrm{d}\zeta = \Gamma e_3 \tag{3-39}$$

$$R=x_1 e_1+x_2 e_2+(x_3-\zeta)e_3 \tag{3-40}$$

式中 a——父液滴半径。

因此，涡诱导速度为：

$$U_v=\frac{1}{4\pi}\int_{-\infty}^{+\infty}\frac{\Gamma e_3 \times R}{R^3}\mathrm{d}\zeta=\frac{\Gamma}{4\pi}\int_{-\infty}^{+\infty}\frac{e_3 \times R}{R^3}\mathrm{d}\zeta$$

$$=\frac{\Gamma}{4\pi}\int_{-\infty}^{+\infty}\frac{x_1 e_2+x_2 e_1}{\left[x_1^2+x_2^2+(x_3-\zeta)^2\right]^{\frac{3}{2}}}\mathrm{d}\zeta \tag{3-41}$$

积分上式后，得：

$$U_v=\frac{\Gamma}{2\pi}\left(\frac{x_1 e_2-x_2 e_1}{x_1^2+x_2^2}\right) \tag{3-42}$$

（2）液滴破碎模型

Fluent 中有两种液滴破碎模型：Taylor 比拟破碎（Taylor analogy breakup，TAB）模型和波动破碎模型。TAB 模型适用于低 Weber（We）数喷射，即大气中的低速喷射。波动破碎模型适用于 $We>100$ 的情况。对于模拟涡流环境下液滴的破碎，采用 TAB 模型。TAB 模型源于弹簧质量系统与液滴的振动、变形及其之间的 Taylor 比拟。为了适应涡环境下液滴的碰撞，本节对 TAB 模型的一些参数进行了修正，写入 UDF 中。

TAB 模型中可以根据液滴振动和变形的控制方程求解出液滴的振动和变形。液滴振动到临界值时，父液滴发生破碎，形成数个子液滴。由于液滴发生形变，因此阻力系数采用动态阻力模型来进行确定。

假定破碎后新产生的液滴半径 r 跟父液滴上的最快增长不稳定表面波的

波长 λ 成正比，即：

$$r = B_0 \lambda \tag{3-43}$$

式中　B_0——模型常数。

父液滴半径 a 的变化率为：

$$\frac{\mathrm{d}a}{\mathrm{d}t} = -\frac{a-r}{\tau} \quad r \leqslant a \tag{3-44}$$

式中，破碎时间 τ 由下式给出：

$$\tau = \frac{3.276 B_1 a}{\lambda \Omega} \tag{3-45}$$

$$\Omega \frac{\rho a^3}{\sigma} = 9.02 \frac{0.34 + 0.38 We_2^{1.5}}{(1+Oh)(1+1.4 Ta^{0.6})} \tag{3-46}$$

$$\frac{\lambda}{a} = 9.02 \frac{(1+0.45 Oh^{0.5})(1+0.4 Ta^{0.7})}{(1+0.87 We_2^{1.67})^{0.6}} \tag{3-47}$$

式中　Ω——最大增长率；

ρ——密度；

σ——黏性应力；

Oh 和 Ta——无量纲参数；

λ——波长；

We_2——气相 We；

B_1——破碎时间常数，其取值范围为 $1\sim60$。

B_1 越大表示液滴失去一定质量所需要的时间越长，也就是液滴与气相间的相互作用越弱。

在波动破碎模型中，当小液滴质量积聚达到父液滴开始质量的 5% 后会脱离父液滴形成新液滴。新液滴的积聚速度由式（3-44）得出，直径由式（3-43）给出。根据动量守恒，由于新液滴存在速度分量，父液滴的动量会加以调整。新生成液滴的温度、位置等其他性质与父液滴相同。

（3）聚并核函数

在本节研究的新型收水装置内部形成的气液两相涡流系统中，离散相由蒸汽水分子、微小液滴、直径小于通过自身重量滴落液滴直径的大液滴组成。液滴随着气流的运动会发生聚并和破碎过程，这个过程中非常重要的参数是最小液滴直径。即低于最小液滴直径的小液滴碰撞后会发生聚并，形成大液滴，大液滴自身重量大于气流托浮力而将滴落回收；直径相对较大的液滴碰撞后将发生破裂现象。聚并区域内液滴尺寸的分布取决于聚并过程。

此处提出以下设想：在湍流程度较大的气液两相涡流环境中，水分子由气态到液态转化过程中存在着一个液滴直径"临界态"区间，若增加了该区间内微小液滴的聚并概率，将有利于提高收水率。同时微米级液滴聚合形成大液滴，可能会引起水质变化［悬浮物、含盐量、浊度、COD（化学需氧量）等］。因此期望得到冷却塔饱和湿空气中涡流环境下微米级液滴直径分布曲线，通过运用 CFD 仿真模拟软件和聚并专用子函数，模拟研究气液两相涡流环境（涡环境）中微米级液滴的聚并规律；通过收水器结构设计改变涡环境参数，研究不同涡环境下微米级液滴的聚并规律；从宏观和微观对涡环境下流体的特性及液滴聚并过程进行研究，验证仿真模拟过程，并修正仿真模拟过程中的参数设置，从而达到准确预测不同涡流环境下收水器收水效果的目的。

欧拉模型多相流中的阻力系数、升力系数由 DEFINE _ EXCHANGE _ PROPERTY 宏来定义。经过物理实验不断验证最终修改经验系数，聚并核函数描述如下，专用聚并核函数程序说明如表 3-3。

```
# include "udf. h"
"define pi 4. * atan(1. )
# define diam2 3. e- 4
DEFINE_EXCHANGE_PROPERTY(custom_drag,cell,mix,mix_thread,s_col,f_col)
{
Thread * thread_g,* thread_s;
Real x_vel_g. * thread_s;
Real x_vel_g,x_vel_s,y_vel_g,y_vel_s,abs_v,slip_x,slip_y,rho_g,rho_s,mu_
g,reyp,afac,bfac,void_g,vfac,fdrgs,taup,k_g_s;
    /*   查找气相（主相）的线程（区域数据结构）* /
    /*   以及液相（次相）* /
thread_g= THREAD_SUB_THREAD (mix_thread,s_col);/* 气相* /
thread_l= THREAD_SUB_THREAD (mix_thread,f_col);/* 液相* /
    /*  获取各相速度及物性参数 * /
x_vel_g= C_U(cell,thread_g);
y_vel_g= C_V(cell,thread_g);
x_vel_l= C_U(cell,thread_l);
y_vel_l= C_V(cell,thread_l);
```

```
slip_x= x_vel_g- x_vel_l;slip_y= y_vel_g- y_vel_l; rho_g= C_R(cell,thread_g);
rho_s= C_R (cell,thread_l);
mu_g= C- MU_L(cell,thread_g); /* 处理边界条件* /
abs_v= sqrt(slip_x* slip_x+ slip_y* slip_y); /* 计算雷诺数* /
reyp= rho_s* abs_v* diam32/mu_s; /* 计算粒子弛豫时间* /
taup= rho_s* diam2* diam2/18. /mu_g;void_g= C_VOF(cell,thread_g);/* 气相
体积分数* / /* 计算相间曳力并返回曳力系数 k_g_s* /
afac= pow(void_g,4. 14);
if (void_g< = 0. 9) bfac= 0. 281632* pow(void_g,1. 28);
else bfac= pow (void_g,9. 076960);
vfac= 0. 4* (afac- 0. 06* reyp+ sqrt(0. 0036* reyp* reyp+ 0. 12* reyp* (2. *
bfac- afac)+ afac* afac));
fdrags= void_g* (pow((0. 63* sqrt(reyp)/vfac+ 4. 8* aqrt(vfac)/vfac),2))24. 0;
k_g_l= (1. - void_g)* rho_s* fdrgs/taup;return k_g_s;
}
```

表 3-3　专用聚并核函数程序说明

宏	DEFINE_EXCHANGE_PROPERTY(name,c,mixture_thread,second_column_phase_index, first_column_phase_index)
参数类型	cell_t c Thread * mixture_thread intsecond_column_phase_index intfirst_column_phase_index
函数返回值	Real

3.3　收水器的结构设计与数值模拟

3.3.1　收水器结构设计

由于在旋转涡流环境下，微小液滴更容易聚合形成大液滴而被回收，因此，收水器的结构设计要通过一定方式人为制造涡流环境，提高液滴之间的聚并从而达到提高收水率的目的。依据自由流场中风道式风力机导风罩的设计原理，进行收水器的设计。风道式风力机是通过结构上的措施将流动的空气集中，大大地提高了输电能力，可将其提高到自由环流风力发电机系数的3～4倍。导风罩如图 3-14 所示，由于风筒产生的径向力，气流可能集中在风轮轴上而产生涡流。

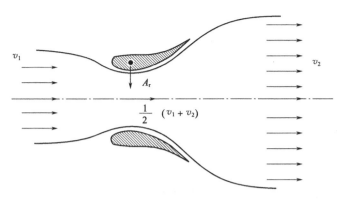

图 3-14 风力机导风罩内速度变化及径向力

在风轮处的总速度可通过穿过风轮的气流质量来计算：

$$\dot{m} = \rho F (v' + v_\Gamma) \tag{3-48}$$

式中 F——接触面上所有物理变量；

v'——初始速度；

v_Γ——Γ 点的速度。

可通过提高风速差（即气流通过量）来提高效率，也可加大速度变化提高效率。提高风速 v 取决于筒形及内部导流叶片的形状，同时与径向力 A_r 的大小有关。单位风轮上的径向力（风轮周长上的升力）由下式计算：

$$A_r = \rho w \Gamma \tag{3-49}$$

式中 Γ——涡量强度。

翼形来流速度 w 是：

$$w = \frac{1}{4}\left(3 + \frac{v_1}{v_2}\right) + B_2 \frac{2\Gamma}{D} \tag{3-50}$$

它可由理想风道式风力机气流过程得到。平均增加气流速度为：

$$v_r = B_1 \frac{2\Gamma}{D} \tag{3-51}$$

式中 B_1、B_2——气流沿风向截面的涡流的变化范围；

D——导流体的直径。

$$B_1 = \frac{1}{\pi}\left[\ln\left(2\frac{D}{b}\right) + \frac{3}{4}\right] \tag{3-52}$$

$$B_2 = \frac{1}{4\pi} \left[\ln\left(16\frac{D}{b}\right) - \frac{4}{5} \right] \tag{3-53}$$

式中 b——风筒翼形截面长度。

理想状态下通过导叶产生的平均增加气流速度为：

$$v_r = \frac{12}{5} B_1 \frac{A_r}{\rho v_1 D} \tag{3-54}$$

根据式（3-54）设想可以通过在收水器中增加导叶的方式诱涡产生，以起到提速的作用，而且还可以根据式（3-54）计算得出 B 与 D 经济合理的关系，从而根据上述设想及参考上述导风罩理论进行复合材料收水器的造涡结构设计。

3.3.1.1 收水器选型设计

（1）单相流初选形状

在收水器结构设计仿真模拟过程中，首先通过查阅参考文献初步设计结构，采用单相流对其进行模拟筛选。通过变化外部结构（圆筒形、六棱柱形、其他多边形等）、导叶形状（直形、螺旋形等）、导叶截面形态（翼形及矩形等截面）及数量（单导叶、多导叶等），对每种形状的轴向静压、截面静压、轴向动压、壁面处轴向静压、壁面处轴向动压、横截面速度、竖截面速度等进行模拟。通过比较设计六种基本结构，如图 3-15 所示。其中，结构 1 为多导叶圆筒结构，结构 2 为多导叶六棱柱结构，结构 3 为螺旋导叶圆筒结构，结构 4 为翼形截面导叶圆筒结构，结构 5 为等截面螺旋导叶六棱柱结构，结构 6 为多导叶螺旋圆筒结构。

图 3-16 为各结构轴向平面的静压云图。从图中可以看出，结构 4 压力分布较均匀。

图 3-17 为各结构的横截面静压云图，图 3-18 为各结构的轴向静压曲线图。六种结构的进出口压差：$\Delta P_1 = 4.89023\text{Pa}$；$\Delta P_2 = 6.0064\text{Pa}$；$\Delta P_3 = 17.69909\text{Pa}$；$\Delta P_4 = 4.10985\text{Pa}$；$\Delta P_5 = 3.784\text{Pa}$；$\Delta P_6 = 9.271698\text{Pa}$。结构 3 的收水器压降最大，结构 4 和结构 5 的压降较小。

半径中点轴向动压如图 3-19 所示。进出口压差：$\Delta P_1 = -0.23103\text{Pa}$；$\Delta P_2 = -0.33197\text{Pa}$；$\Delta P_3 = 1.004908\text{Pa}$；$\Delta P_4 = 0.095352\text{Pa}$；$\Delta P_5 = -0.15761\text{Pa}$；$\Delta P_6 = 0.84166\text{Pa}$。除结构 3，各结构动压差不大。

壁面附近静压如图 3-20 所示。进出口压差：$\Delta P_1 = 3.95916\text{Pa}$；$\Delta P_2 =$

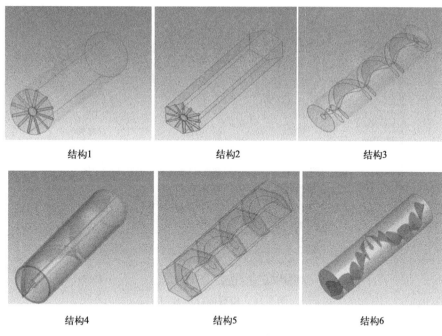

图 3-15 收水器结构初选

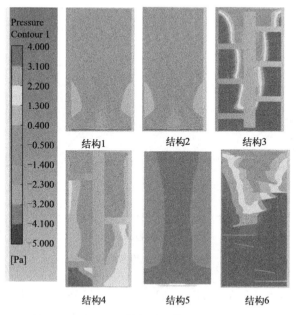

图 3-16 轴向平面静压云图

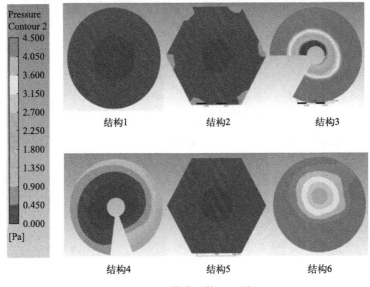

图 3-17　横截面静压云图

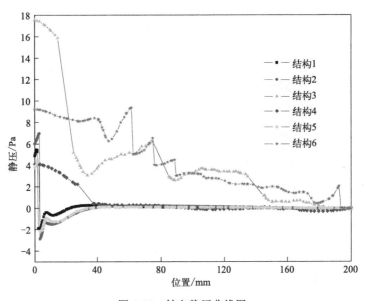

图 3-18　轴向静压曲线图

3.95666Pa；$\Delta P_3 = 16.39021$Pa；$\Delta P_4 = 4.284158$Pa；$\Delta P_5 = 2.216594$Pa；$\Delta P_6 = 8.81487$Pa。结构 3 壁面处压降和静压值最大，即结构 3 的收水器能耗最大。壁面处静压值越大，对材料的强度要求越高。

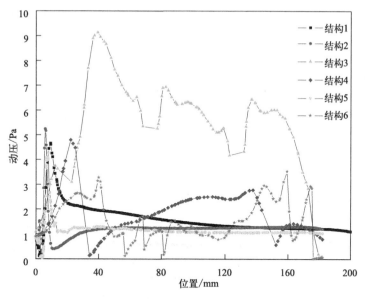

图 3-19　半径中点轴向动压曲线图

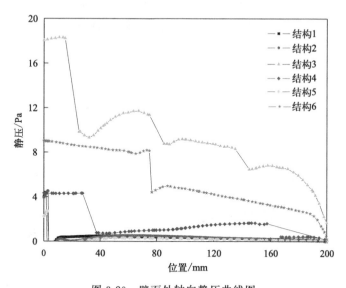

图 3-20　壁面处轴向静压曲线图

壁面附近动压曲线图如图 3-21 所示。进出口压差分别为：$\Delta P_1 = 0.38832\text{Pa}$；$\Delta P_2 = 0.5316\text{Pa}$；$\Delta P_3 = -7.73883\text{Pa}$；$\Delta P_4 = -0.49893\text{Pa}$；$\Delta P_5 = 0.041706\text{Pa}$；$\Delta P_6 = -5.26803\text{Pa}$。除结构 3、结构 6，不同结构的收水器壁面动压相差不大，即壁面处速度相差不大。

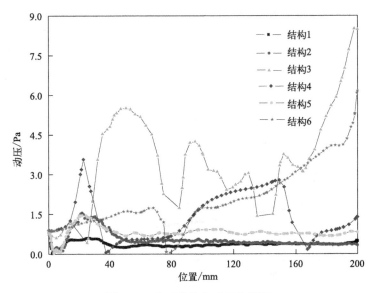

图 3-21 壁面处轴向动压曲线图

对各结构收水器速度情况进行模拟分析。图 3-22 为壁面处轴向速度曲线图，图 3-23 为横截面速度云图。结构 3 横截面速度及壁面处轴向速度最大。

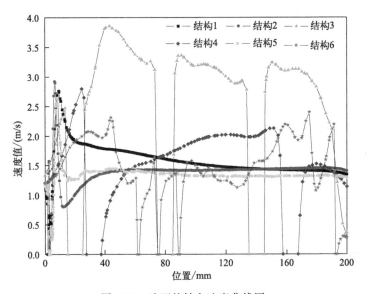

图 3-22 壁面处轴向速度曲线图

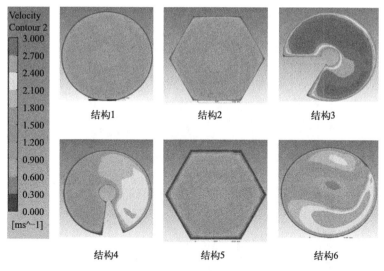

图 3-23 横截面速度云图

从图 3-24 纵向截面速度云图、图 3-25 纵向截面速度矢量图和图 3-26 纵向截面速度曲线图中可以看出，结构 3 的收水器速度较大。从图 3-24 中可以看出，结构 1、结构 2 和结构 5 的收水器速度云图变化较小。

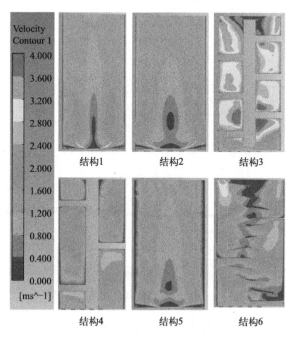

图 3-24 收水器纵向截面速度云图

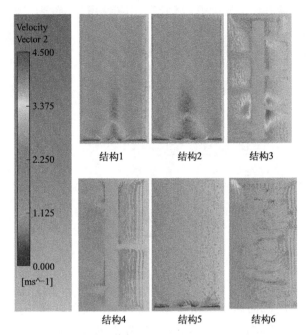

图 3-25 收水器纵向截面速度矢量图

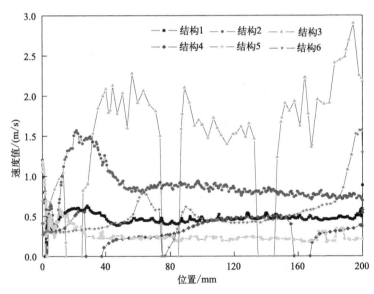

图 3-26 收水器纵向截面速度曲线图

通过比较不同形状收水器的中心压降、轴向速度、纵向速度等参数,可得螺旋导叶圆筒结构的综合效率优。

（2）低风速两相涡场分析

单层导叶与双层导叶模型如图 3-27 所示，对比各项动力学性能，双层导叶尺寸为 10～20mm，压降为 34.85476Pa，单层导叶压降为 37.3207Pa。图 3-28 为单层导叶与双层导叶静压曲线。由图可知，双层导叶的压降较小，且双层导叶整体的静压值较大。

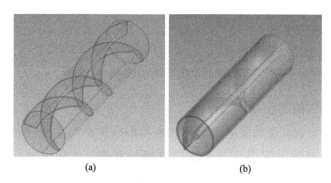

图 3-27　单层螺旋导叶和双层螺旋导叶模型

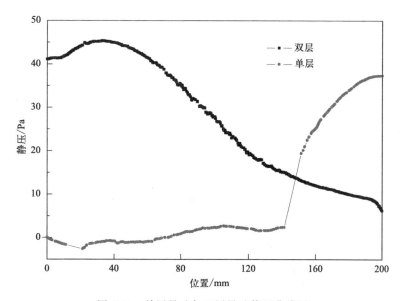

图 3-28　单层导叶与双层导叶静压曲线图

图 3-29 为两种导叶结构的速度矢量图，从图上可以看出，相对来说，双层导叶的速度较大，但单层导叶在轴向平面速度分布更均匀。综合考虑，双层导叶结构更优。

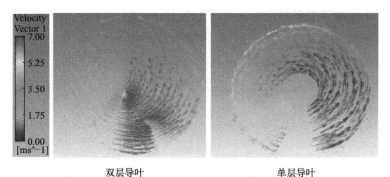

双层导叶   单层导叶

图 3-29   单层导叶与双层导叶速度矢量图

（3）两相气流扰动分析

由于实际安装高度的要求，设计收水器的高度不高于 20cm。通过 CFD 软件对 5 种不同参数的双层导叶收水器进行仿真模拟，分别为：5-10（5cm 和 10cm）、5-15（5cm 和 15cm）、5-20（5cm 和 20cm）、10-20（10cm 和 20cm）、15-15（15cm 和 15cm）。参数表示方法 A-B，A 为直径，B 为高度。如图 3-30 中心速度曲线所示，虽然结构参数不同，中心速度的总体趋势都是先增大后减小；如图 3-31 中心压降曲线图所示，5-10 中心压降为 7.6005Pa，5-15 中心压降为 20.425Pa，5-20 中心压降为 30.84914Pa，10-20 中心压降为 34.85476Pa，15-15 中心压降为 18.4528Pa。其中 5-10 中心压降最小，10-20 中心压降最大。

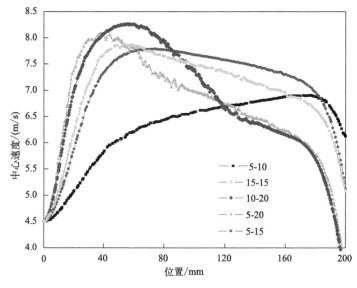

图 3-30   中心速度曲线图

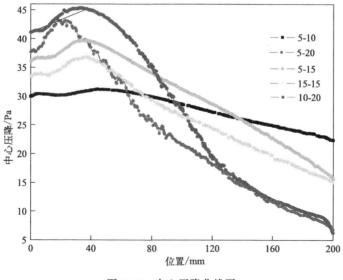

图 3-31　中心压降曲线图

图 3-32 为切向速度矢量图，从图中可以看出 10-20 切向速度最大，5-10 切向速度最小。

通过对比可得，双层螺旋导叶的直径为 10cm、高度为 20cm 时，效果相对更好。

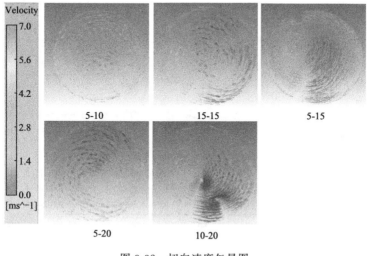

图 3-32　切向速度矢量图

3.3.1.2　收水器结构参数设计

依据电力行业标准 DLT 742—2019 中规定，单位面积质量的上限为 8kg，另外考虑到实际安装及施工成本，需要将上述收水器结构（图 3-33）的初选结果进行尺寸优化。设计了以下几种结构参数：300-130-4，400-150-3，

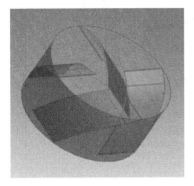

400-150-4，400-180-3，400-180-5，500-240-4，500-240-5。结构参数表示方法为 A-B-C，其中 A 代表直径，单位为 mm；B 代表导叶宽度，单位为 mm；C 代表导叶数量，单位为个。由于安装要求，收水器的高度均设置为 200mm。

图 3-33　模型结构图

图 3-34 为全压曲线图，从图中看出，400-150-4 整体压力较大，300-130-4 压降为 2.5801Pa，400-150-3 压降为 0.4803Pa，400-150-4 压降为 3.1648Pa，400-180-3 压降为 16.0737Pa，400-180-5 压降为 13.8459Pa，500-240-4 压降为 40.4757Pa，500-240-5 压降为 1.8664Pa。500-240-4 的全压降最大，能耗也越大。

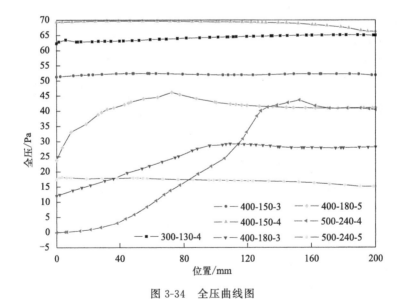

图 3-34　全压曲线图

壁面处速度越大，与中心速度差值越大，即速度梯度较大，液滴越容易

被甩到壁面。由于速度差值，液滴之间相互接触的概率提高，越容易发生聚并，从而收水率提高，利于节水。从图 3-35 切向速度矢量图中可以看出，第 3 种结构（400-150-4）壁面速度大，中心速度小，诱涡效果明显，微小液滴在此环境下更容易产生碰撞聚合，与壁面接触被回收。

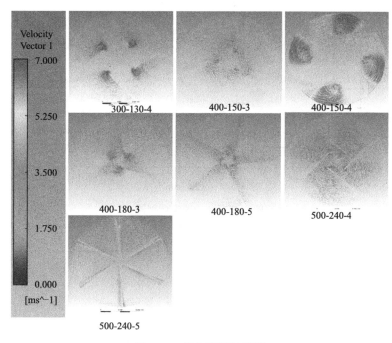

图 3-35　切向速度矢量图

从图 3-36 中心速度曲线、图 3-37 切向速度曲线可以看出，400-150-4 的中心速度相比其他尺寸的收水器较小，但是切向速度较大，利于水滴聚并收集。

通过全压、轴向速度、纵向速度实验分析，结合实际调研所得的压力、温度、湿度、流量、风速等综合参数，初步确定直径 400mm、高度 200mm、导叶宽度 150mm、4 个导叶的圆柱形旋流收水器效果更优。

3.3.2　收水器数值模拟

3.3.2.1　数值模拟参数设置及边界条件确定

由于冷却塔内气水体积比小于 10%，对液滴相采用基于欧拉-拉格朗日方法的离散相模型计算，连续相为空气，采用欧拉方法求解。同时，结合适用于涡流环境下的液滴聚并核函数，进行如下设置：

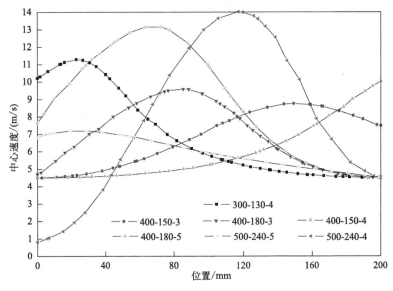

图 3-36　中心速度曲线图

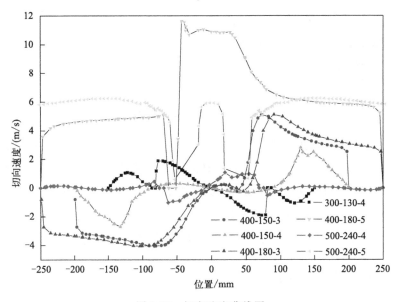

图 3-37　切向速度曲线图

（1）气相边界条件的设置

① 进口条件：采用均匀分布的进口截面处的速度。

② 出口条件：出口压力为大气压（101.325kPa）。

③ 壁面条件：在收水器导叶板上应用黏性流体表面，无滑移。

（2）液滴相边界条件的设置

① 液滴物理性质：密度为 $1000kg/m^3$ 的小水滴。

② 进口条件：进口液滴速度与气相速度相同，均匀分布。

③ 壁面条件：当液滴接触到收水器壁面即可认为被截留，不考虑液滴反弹和破碎后的被气流的二次携带。

3.3.2.2 圆柱导叶的动力学性能模拟

利用 Fluent 两相流模拟技术对 400-150-4 收水器正向和反向放置、波纹板以及六棱柱结构的各项动力学性能进行对比，模型如图 3-38 所示。

设置边界条件，入塔速度：连续相空气与离散相水滴的速度均为 $2m/s$，液滴直径 $20\mu m$，质量流量为 $10kg/s$。

(a) 正向放置   (b) 反向放置

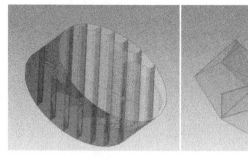

(c) 波纹板   (d) 六棱柱

图 3-38 四种收水器模型图

图 3-39 为四种结构的全压曲线图，波纹板压降为 28.6752Pa，六棱柱压降为 895.8969Pa，正向放置压降为 412.886Pa，反向放置压降为 81.78174Pa。图 3-40 为切向速度矢量图，图 3-41 为轴向速度曲线图，通过

图 3-40 和图 3-41 进一步证实了结构初选时的结果：六棱柱压降最大，正向
放置收水器较反向放置轴向速度波动较大。

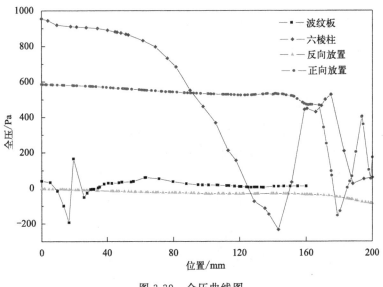

图 3-39 全压曲线图

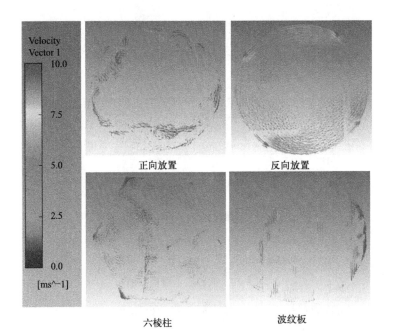

图 3-40 切向速度矢量图

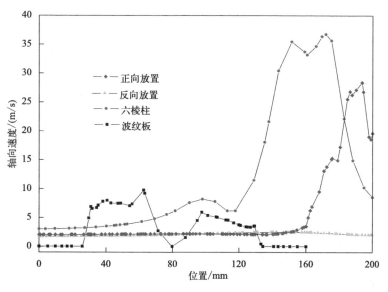

图 3-41 轴向速度曲线图

通过全压、切向速度、轴向速度实验，可以看出新型旋流收水器相对传统波纹板收水器，综合性能更优，正向、反向放置时差别不大。圆柱导叶的动力学性能模拟结果基本满足实际工况的节水需求。

3.3.2.3 底板的静力学性能模拟

模拟旋流收水器底板受力情况，特别是底板螺纹孔连接处的应力分布及大小，为实际安装应用，提供理论依据。

（1）模型建立

模型如图 3-42 所示。

图 3-42 模型图

（2）网格划分

由于主要关注点在螺纹孔处，所以将底板及螺纹孔处的网格细化。网格图见图3-43。

（3）导入材料

弹性模量设置为0.93GPa，泊松比为0.394，密度设置为1.05g/cm³，其他参数选择默认。

（4）确定边界

设定有螺纹孔的两边为固定边，受力面为收水器筒的上边缘，如图3-44所示。受力为200N，折合强度13158Pa。

图3-43　网格图

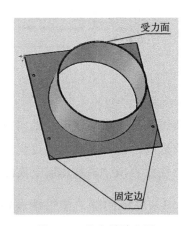

图3-44　收水器受力图

（5）模拟结果

从图3-45中可以看出，螺纹孔处应力比较集中。

将螺纹孔的截面作为受力面积，计算如下：

$$S = 2\pi r L = 2 \times 3.14 \times 0.005 \times 0.003 = 9.42 \times 10^{-5} \, \text{m}^2$$

式中　r——开孔直径；

L——螺纹孔长度。

螺纹孔处取最大等效应力 P 为 1.83×10^6Pa，作用力为：

$$F = PS = 1.83 \times 10^6 \times 9.42 \times 10^{-5} = 172.386\text{N}$$

经数值模拟收水器，应力比较集中的部位为连接部位的开孔处，当开孔直径为5mm时，要求材料能承受的最小作用力为172.386N，满足电力行业标准 DLT 742—2019 中的相关要求。

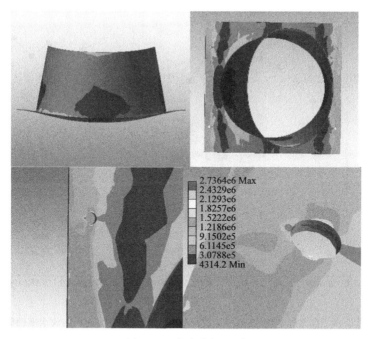

图 3-45　应力分析云图

3.3.2.4　节水效果仿真与验证

新型旋流收水器结构较为复杂，外界风速及随风的液滴直径均会对收水率产生影响。为了能较为准确地了解新型旋流收水器的收水效果，下面模拟计算分析风速对收水率的影响以及不同直径的液滴经过收水器时的被收回的情况。

由于随风上升的直径较大的液滴均可被收水器拦截收回，因此，这里不考虑大液滴的收水率情况，将液滴直径设置为 $200\mu m$ 以下。假设湿空气中的液滴直径为均匀大小，通过数值模拟探求新型旋流收水器结构下的液滴大小对收水率的影响。

实际火电厂冷却塔内的风速在 3m/s 以下，因此将进入新型旋流收水器的湿空气速度分别设置为 1m/s、2m/s、3m/s，计算速度对收水率的影响。

图 3-46 为湿空气在 1m/s、2m/s、3m/s 速度下不同液滴直径的收水率曲线。从曲线中可以看出，收水率随着风速的增大而减小，随着液滴直径的增大收水率呈现"先增加，后一定程度地降低，然后趋于平稳"的趋势。

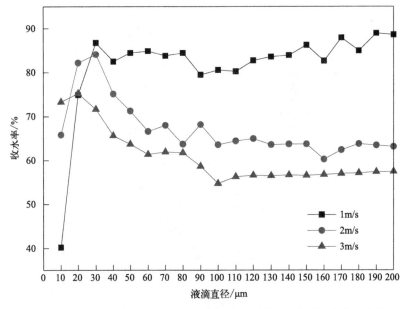

图 3-46　湿空气速度 1m/s、2m/s、3m/s 下不同液滴直径的收水率曲线

　　风速越大，对液滴的携带能力就越强，当液滴直径大小相同也就是受到的重力不变时，气体对其携带能力越大，液滴越容易随风排出塔外造成水损失。从图中可以看到，当风速为 1m/s 时，小液滴的直径对收水率的影响不大，一方面这是由于风速越小，液滴与导叶接触时间越长，所以收水率越大；另外，根据聚并机理，风速减小，微小液滴之间发生聚合的时间增长，概率提高，所以收水率会增大。当风速增大到 2m/s 和 3m/s 后，直径介于 30～50μm 的微小液滴的收水率随着微小液滴直径的增加而降低；直径处于 50～200μm 之间时，直径对收水率影响不大。因此风速较低时，直径处于 10～20μm 的微小液滴经过旋流收水器后基本都能通过聚并形成大液滴，通过自身重力滴落或被导叶拦截回收。当风速较高时，由于聚并时间缩短，一部分微小液滴没有来得及发生聚并而被气流带走。通过分析发现，虽然风速变化，但整体趋势一致，所定义的区间随风速变化会发生一定调整。

　　对比当风速为 2m/s 时波纹板与新型旋流收水器的收水率曲线，如图 3-47（a）所示。

　　图 3-47（b）所示为收水器反向放置和正向放置时收水器收水率的曲线。从图中可以看出，随着液滴直径增大，收水率整体都呈下降趋势；收水器反

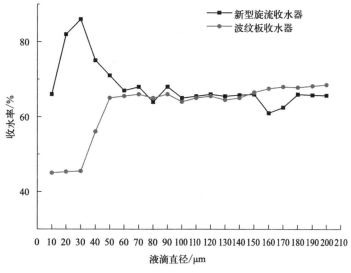

(a) 风速2m/s时新型旋流收水器与波纹板收水器收水率

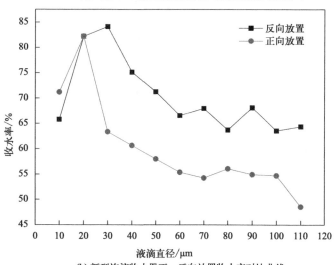

(b) 新型旋流收水器正、反向放置收水率对比曲线

图 3-47 波纹板与新型旋流收水器、正向与反向放置收水率对比曲线

向放置收水率要优于正向放置收水率。原因为反向放置相比正向放置轴向速度低,微小液滴有更多时间发生聚并;另外旋流收水器反向放置,诱起的涡向外扩散,在收水器上方,不同的涡相互干扰,增强了流体湍流度,增加了液滴碰撞聚并的概率,也会提高收水率。

3.3.2.5　结论

通过对收水器的结构设计和数值模拟，最终确定收水器为直径400mm、高度200mm的圆柱（圆筒）形，内置4个宽度150mm的导叶，底板的开孔直径为5mm（如图3-48）。经仿真模拟可得，圆柱导叶型收水器一方面能够将直径较大的液滴拦截，另一方面还能通过其结构使携带微小液滴的湿空气旋转形成涡流，增大微小液滴的聚并概率，从而提高整体节水效率。

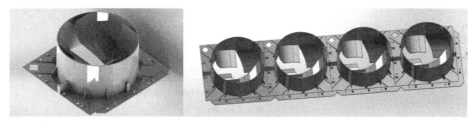

图3-48　圆柱导叶型收水器设计图

◆ 参考文献 ◆

[1] 邱莉. 火电厂冷却塔中纤维复合材料集水装置的结构设计及性能研究［D］. 天津：天津工业大学，2016.

[2] 焦经纬. 机械通风式冷却塔流场及回流率分析［D］. 沈阳：东北大学，2020.

[3] 刘涛. 气液分散体系中两液滴相互碰撞过程研究［D］. 西安：西安石油大学，2021.

4 新型旋流收水器的制备及性能

4.1 收水器的制备

4.1.1 材料选择

当前，我国冷却塔内大多采用的收水器依旧为波纹板收水器，其材料主要是聚氯乙烯及玻璃钢两种。其中，聚氯乙烯收水器因为耐热性能不足，力学性能不够，材料容易变形，长时间处于冷却塔湿热环境内，材料容易老化损坏，脱落的材料掉落毁坏下面的填料层，不但收水效果减弱，使水汽直接排入大气中，造成水资源浪费，还会降低冷却塔的冷却效果，通常1~2年就要更换；玻璃钢收水器力学性能优良，可以保证其使用时间较为长久，但其生产效率不适合工业大批量生产，造价也比一般材料偏高，在实际应用中比较少。

针对这些问题，下面对新型旋流收水器材料进行设计选择，主要满足结构对于材料力学性能的要求、复杂的流体环境对材料性能的要求、结构对成型工艺的要求以及冷却塔结构对收水装置的重量轻的要求等。

考虑到金属材料抗腐蚀性普遍较低、密度相对较大而不满足重量要求，传统聚酯材料相对金属材料密度低，但力学性能及刚度一般等因素，选择纤维复合材料满足以上对于收水器的材料需求。

4.1.1.1 纤维复合材料基体及增强体

（1）基体

纤维复合材料是一种由纤维材料（如玻璃纤维、碳纤维、芳纶纤维等）

117

与基体材料（如树脂、金属、陶瓷等）通过特定的工艺组合而成的材料，具有质轻、高强度、高刚度、抗疲劳、耐腐蚀、可设计性强等特点，广泛应用于航空航天、汽车、体育器材、建筑、电子电器等领域。在纤维复合材料中，基体扮演着至关重要的角色，它不仅提供了纤维之间的连接，还赋予复合材料整体的结构完整性和特定的物理化学性能。

基体材料主要分为三类：聚合物基体、金属基体和陶瓷基体。聚合物基体包括热固性聚合物和热塑性聚合物两大类，常用的有环氧树脂、聚酰亚胺、聚苯硫醚等。金属基体包括铝合金和钛合金等，这些金属材料具有良好的强度和导热性。陶瓷基体包括氮化硅、碳化硅等高温结构陶瓷。由于热塑性聚合物与热固性聚合物相比耐湿性能好，损伤容限高，又可再生，易修复，因此热塑性聚合物在环保和可持续发展方面具有显著的优势。常用热塑性材料有：聚丙烯、聚氯乙烯、聚苯乙烯等。

常用的收水器为 PVC 材料，密度为 $1.4 \mathrm{g/cm^3}$，加入了增塑剂和填料后密度处于 $1.14 \sim 2.00 \mathrm{g/cm^3}$ 之间。PVC 最大的缺陷为热稳定性较差，长时间处于温热状态下会分解，所以其应用范围较窄，使用温度一般在 $-15 \sim 55℃$ 之间[1]。PVC 分解会放出对人体有害的 HCl 气体，废料对环境产生严重污染。近年来，有关玻璃纤维增强聚氯乙烯复合材料的研究，其目的是通过纤维增强提高其综合性能[2-3]。但是 PVC 流动性极差，例如 10% 的玻璃纤维和 PVC 混合，体系的黏度已高得几乎难以充模[4]，因此，本设计方案不考虑用聚氯乙烯作为基体。

聚丙烯材料是一种热塑性树脂，耐热性能好，熔点高达 167℃，制品可用蒸汽消毒，密度为 $0.90 \mathrm{g/cm^3}$，是最轻的通用塑料[5]。聚丙烯聚合物的耐腐蚀性能优良，常见的酸、碱有机溶剂对它几乎不起作用。通过改性和添加抗氧剂可克服其耐低温冲击性差、易老化的缺点。聚丙烯经过均聚、共聚及加纤（加入纤维）后材料的性能指标见表 4-1。

表 4-1　均聚、共聚及加纤后聚丙烯的性能

项目	均聚	嵌段共聚	无规共聚	加纤
密度/(kg/cm³)	0.89～0.91	0.89～0.91	0.89～0.91	1.0～1.3
硬度 HR	104～115	90～105	90～100	—
吸水率/%	0.01	0.01	0.01	0.01
成型收缩率/%	1.3～1.7	1.3～1.7	1.3～1.7	0.2～1.0

续表

项目	均聚	嵌段共聚	无规共聚	加纤
熔体流动速率/(190℃/2.16kg)	4～60	2～55	7～35	3～30
冲击强度/(MJ/m²)	3～5	8～55	4～9	
热变形温度/℃	114～135	100～130	90～105	100～165
软化点温度/℃	155	134～155	124～135	

从表中可以看出加入纤维后聚丙烯的密度稍有增大,吸水率不变,成型收缩率下降等。冷却塔内湿度大,温度约为50℃,相比之下,聚丙烯材料的耐热性、耐湿性、耐有机溶剂性、耐腐蚀性更具优势,而且质量更轻。因此,选用聚丙烯作为复合材料的基体。

(2) 纤维增强体

纤维增强体是指分散在基体中的纤维物质[6]。目前,玻璃纤维具有良好的化学稳定性,采用玻璃纤维增强复合材料的应用范围也越来越广。玻璃纤维表面光滑,其长径比大,密度比其他有机纤维的密度大,但比大多数金属的密度小[7]。玻璃纤维的抗拉强度高,热导率较低,介电性好,吸湿性小。

玻璃纤维增强聚丙烯有以下优点:①玻璃纤维是耐高温材料,玻璃纤维增强聚丙烯后材料的耐热温度比不加玻纤提高很多。②聚合物高分子链之间的滑移受到了玻璃纤维的限制,因此,玻璃纤维增强聚丙烯后制品的刚性提高,收缩率降低。③玻璃纤维增强后提高了材料的抗冲性能。④玻璃纤维增强聚丙烯后利用玻璃纤维的高强度大大提高了聚丙烯的强度,如拉伸强度、压缩强度、弯曲强度等都有了大幅提高。⑤燃烧性能下降,阻燃变得困难。

玻璃纤维增强后的缺点:①玻璃纤维增强会降低材料的韧性,增加脆性。②聚丙烯中加入玻璃纤维使得材料的熔融黏度增大,流动性降低,因此注射成型时的压力要比不加玻璃纤维时的压力有所提高,注射温度相比未加玻璃纤维提高10～30℃。

4.1.1.2　纤维长度及含量对复合材料性能的影响

短切纤维复合材料是将纤维裁断成一定长径比后与基体进行复合。目前技术比较成熟,常用短切纤维与树脂基体复合,其具有高比强度、高比模量、耐腐蚀、安全破坏性好、疲劳寿命高等优点。短切纤维复合材料在制备时,通常是将长纤维切成定长的短纤维,工艺相对比较容易实现。但在复合材料成型过程中,所设置的工艺参数与复合材料的结构有着复杂的依赖关系[8]。考虑到收水装置的形状、实际加工性、产品数量及效率等因素，本设计方案采用短切纤维（短玻纤）增强聚丙烯基体进行注塑复合。

（1）纤维长度因素对复合材料性能的影响

短切纤维复合材料多为结构工程材料，常用在产品的结构零件上。短切纤维复合材料中纤维的长度会影响最终材料的性能。RTP公司对不加玻璃纤维（玻纤）、加入相对较长的短玻纤及长度较短的短玻纤增强聚丙烯的性能进行了测试[9-12]，测试表明长度在几毫米的短玻纤增强聚丙烯复合材料与纯聚丙烯和低于1mm的短玻纤增强聚丙烯相比具有更加优异的力学性能，其中拉伸强度、拉伸模量、弯曲强度和弯曲模量都不同程度地有所增加，而且材料的抗冲击强度和热变形温度也都得到了改善。根据这个研究结果，本设计方案选用长度在几毫米的短玻纤增强聚丙烯作为原料。

（2）纤维体积含量对复合材料性能的影响

短切纤维比较均匀地分散在复合材料中，提高了基体的力学性能。基体将纤维保持在相对稳定的位置使其能协同作用，并且能保护纤维不受外界环境的损伤，起到传递和承受力的作用。复合材料中混杂纤维的比例会对力学性能产生不同的影响，纤维的体积含量太低达不到增强的效果，但是并不是纤维含量越高，其增强的复合材料性能就越高。纤维体积含量太大会造成工艺上的困难，纤维与基体间黏结变差，界面强度降低，反而造成材料缺陷增多，韧性、断裂等性能下降[13]，因此确定纤维的合理占比是很关键的因素。

本书所述新型短切纤维复合材料收水器选用玻璃纤维作为增强体，热塑性树脂聚丙烯作为基体，通过控制复合材料中玻璃纤维的含量、长度、偶联剂类型与用量[14]等因素，结合注塑工艺，研究确定符合收水器性能要求的材料组分。纤维含量取0%（纯聚丙烯材料）、10%、15%、20%、30%及35%制作试样，对其进行拉伸和弯曲性能测试。经测试，纤维含量对材料拉伸性能的影响见表4-2。

表4-2　纤维含量对复合材料拉伸性能的影响

纤维含量/%	最大力/kN	拉伸强度/MPa	断裂伸长率/%	拉伸模量/MPa
0	1518.09	30.36	14.52	175.77
10	1798.28	32.18	12.00	209.33
15	1889.46	36.05	8.70	378.49
20	1927.91	38.56	6.13	428.96

续表

纤维含量/%	最大力/kN	拉伸强度/MPa	断裂伸长率/%	拉伸模量/MPa
30	2963.95	59.28	5.15	933.36
35	2979.34	54.31	44.68	989.44

如图 4-1 所示为纤维含量对材料拉伸性能的影响曲线，从图中可以看出拉伸强度随着纤维含量的增加得到了很大的提高。纤维含量低于 20% 时，玻纤增强聚丙烯复合材料的拉伸强度逐步提高。当纤维含量为 30% 时，材料的拉伸强度由 30.36MPa 增加到 59.28MPa，其强度增加了将近 1 倍。从图 4-1 纤维含量与拉伸模量的变化趋势，可以看出随着纤维含量的增加，其拉伸模量也得到了增强，未加玻璃纤维的纯聚丙烯材料的拉伸模量为 175.77MPa，加入纤维后在纤维含量低于 20%、20%～30%、30% 以上三个变化区间内，材料的拉伸模量增幅有所不同，其中 20%～30% 纤维含量的复合材料拉伸模量提高最大。对比纯聚丙烯，纤维含量 35% 的材料拉伸模量由 175.77MPa 增加到 989.44MPa，其模量为原来的 5.6 倍。这说明了玻纤的加入，可以有效地提高复合材料的拉伸性能，特别是在纤维含量处于 20%～30% 时，提高的幅度最为明显。但随着纤维含量继续增加，当达到 30% 后拉伸强度反而有所降低。主要是由于纤维含量的增加，使注塑工艺难度加大，纤维在制品中排布不均匀，有聚团现象。

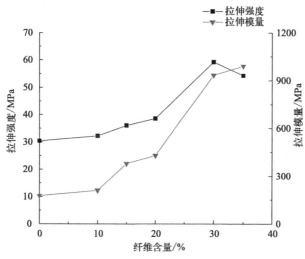

图 4-1　玻璃纤维含量对复合材料拉伸性能的影响曲线

对不同试样的弯曲性能进行测试，表 4-3 为纤维含量对复合材料弯曲性能的影响。纤维含量对弯曲性能的影响变化趋势如图 4-2 所示，从图中可以看出随着纤维含量的增加，其弯曲强度得到很大的提高。特别是纤维含量在 20％～30％这个变化区间时，材料的弯曲强度由 85.68MPa 增加到 191.41MPa，其弯曲强度提高了将近 1.2 倍。

表 4-3　纤维含量对复合材料弯曲性能的影响

纤维含量/％	弯曲强度/MPa	挠度/mm	最大弯曲力/kN	弯曲模量/MPa
0	59.30	15.93	205.91	870.49
10	61.00	11.37	243.34	1208.78
15	70.00	7.62	288.65	2008.00
20	85.68	5.17	297.50	2425.80
30	191.41	4.07	664.62	4835.21
35	166.34	3.98	711.47	4909.00

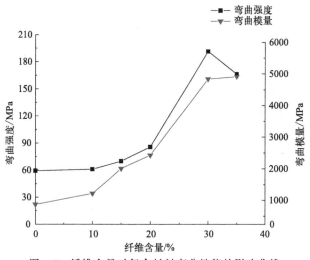

图 4-2　纤维含量对复合材料弯曲性能的影响曲线

从图 4-2 中弯曲模量的变化趋势可以看出随着纤维含量的增加，其弯曲模量也得到了增强。未加玻璃纤维增强的聚丙烯材料的弯曲模量为 870.49MPa，当加入纤维含量占 10％时，弯曲模量提高了近 40％。当纤维含量为 30％时，弯曲模量达到 4835.21MPa，提高了 4.5 倍。玻璃纤维的加入有效地提高了复合材料的弯曲性能。纤维含量在 20％～30％区间内，提高的幅度最为明显。但当纤维含量达到 30％后，弯曲模量提高的幅度降低，弯曲强度反而下降。

通过比较可以看出，不含玻璃纤维的纯聚丙烯材料的性能最差，加入30％玻璃纤维提高了材料的综合性能，使其拉伸强度和拉伸模量分别由30.36MPa和175.77MPa提高到了59.28MPa和933.36MPa，弯曲强度和弯曲模量分别由59.30MPa和870.49MPa提高到91.41MPa和4835.21MPa。

另外，材料的力学性能随着纤维体积含量的增加会得到一定程度的增强，但是流动性却随着纤维体积含量的增加而下降，这是因为随着纤维体积含量的增加，黏度会相对地增加，黏度增加会导致复合材料的流动性变差[15]，这为材料的注射成型带来了困难[16]。另一方面，玻纤增强材料的冲击性能随着纤维体积含量的增加基本上都是呈先增加后减小的趋势。

通过考虑短切纤维加入量对塑件力学性能以及流动性能的影响，既保证熔体充分充填，又尽可能获得较为优良的力学性能，最终确定采用体积含量为30％的玻璃纤维对聚丙烯基体进行增强。

以相对较长的短玻纤增强聚丙烯作为原料，其拉伸强度、拉伸模量、弯曲强度和弯曲模量都不同程度地有所增加，而且材料的抗冲击强度和热变形温度也都得到了改善。

4.1.2　制备方法

4.1.2.1　原料

本书所述设计方案原料如下。

聚丙烯：采用茂名石化的聚丙烯纯料（广东茂名石化公司生产，牌号PPH-T03），拉伸强度27MPa，密度$0.93kg/cm^3$，熔体流动速率3.0g/10min，弯曲模量1150MPa，洛氏硬度85HR。

玻璃纤维：采用上海中实玻璃纤维有限公司生产的无碱玻璃纤维，纱线断裂强力＞0.3N/tex❶，单根纱线细度162tex。短切长度10～12mm，直径14μm，含水量低于0.2％。

偶联剂处理：配制质量分数为1％的GX550硅烷偶联剂水溶液，其浴比为1∶20，水浴温度为25℃，恒温处理2h，再80℃烘干。

PVC试样原料（主要用于性能对比）：由于本节主要是对两种收水器材料（传统PVC材料和新型复合材料）进行力学性能对比，因此选用比较常

---

❶　$1tex = 10^{-6}kg/m$。

见的 PVC 波纹板收水器的配方进行试样制作。取 PVC 树脂（SG8）100 份，增塑剂的使用及用量是配方中较为关键的因素，不能忽略。本节选用最常用的 PVC 增塑剂邻苯二甲酸二辛酯（DOP）。DOP 用量过多会使材料变得太软，影响 PVC 材料的力学性能，收水器需要使用的是硬质 PVC 板材，所以加入的 DOP 量不可过多，常规 PVC 收水器中加入 DOP［密度 $0.978g/cm^3$ （20℃）］4 份。PVC 在加工过程中受热容易分解，因此还要加入热稳定剂。热稳定剂中铅系稳定剂较为经济，而且稳定效果好。将硬脂酸钙和硬脂酸钡与铅系稳定剂配比使用可增加材料的稳定性，因此选择三盐基性硫酸铅、硬脂酸钙及硬脂酸钡作为复合稳定剂，将 5 份三盐基性硫酸铅（密度 $7.1g/cm^3$）、1 份硬脂酸钡（密度 $1.145g/cm^3$）和 1 份硬脂酸钙（密度 $1.08g/cm^3$）混合使用。润滑剂选用液体石蜡，用量为 0.5 份。

4.1.2.2 实验仪器设备

注塑机：80/420-430，Demag Plastics Group；

电液伺服万能试验机（50t）；

弯曲性能试验机；

DHS-225 恒温恒湿试验箱。

4.1.2.3 注塑工艺

复合材料注塑工艺要根据纤维的体积含量及配方进行调整。加入玻璃纤维及偶联剂的复合材料要想达到优良的力学性能和良好的制品外观，就必须对注射压力和保压压力进行适当的提高，延长保压时间和冷却时间[17]。由于本节实验采用了偶联剂，玻璃纤维含量较高，为 30%，因此在注塑时要适当提高注射压力等参数，以获得良好性能和外观。

批量生产收水器制件需要提高生产效率，在注射成型过程中，使用较高的注射速率可提高生产效率。注射速率的提高可通过提高塑化熔融温度或注射压力实现。由于聚丙烯的熔融温度过高会发生降解，因此只能通过提高注射压力提高注射速率。

在注射成型过程中的保压压力、保压时间和冷却时间等工艺参数也会影响制品的性能[18]。由于玻纤和助剂的加入会造成复合材料流动性降低、材料热阻增加、传热速率减慢、充模难度提高，因此注射成型的保压压力、保压时间及冷却时间都应适当延长。

经试验不断调整工艺参数，最终确定注塑工艺参数如表 4-4 所示。

表 4-4　注塑工艺参数

注塑工艺	参数
熔体温度/℃	240
模具温度/℃	55
注射速度/(mm/s)	30
纤维含量/%	30
注射压力/MPa	80
保压压力/MPa	75
背压/MPa	0.5

将按照配方配比的玻璃纤维增强复合材料在 80℃下烘干 1.5h 后，按照注塑工艺参数注射成型，制得 30％玻纤增强复合材料试样。

4.1.2.4　收水器之间的连接方式及力学性能测试分析

（1）不同直径的螺栓连接样片拉伸实验

在收水器上为了增强结构相互之间的联系，采用螺栓进行连接加固。为保证螺栓的连接力学性能，针对试样进行拉伸-变形力学实验。分别选用直径 10、8、5mm 的螺栓连接的材料进行测试，实验结果如表 4-5 所示，螺栓直径与最大拉伸力关系曲线如图 4-3 所示。

表 4-5　不同直径螺栓连接的材料拉伸性能

螺栓直径/mm	最大拉伸力/N	最大形变/mm
10	1306.50	5.06
8	1316.43	5.72
5	1161.00	8.53

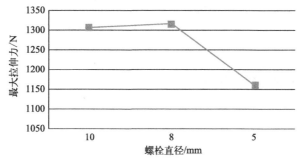

图 4-3　最大拉伸力与螺栓直径关系曲线

（2）开孔直径的确定

根据力学测试报告，材料最大拉伸力为 2963.95N；当在样片上开 4～10mm 孔后最大受力在 1300N 左右，大于仿真模拟的应力 172.386N，所以根据仿真模拟结果，所设计的旋流收水器结构符合安装强度。

从实验结果分析可以看出，直径 5mm、8mm、10mm 的螺栓连接样片承受的最大拉伸力基本相似，即在 4～10mm 螺纹孔使用情况下，样片能承受的最大应力基本相同，从经济与承重角度出发，选取 8mm 大小的孔。

在保证基本力学性能的基础上，收水器（图 4-4）结构上进行了如下设置：

① 增加自适应卡扣用来进行收水器之间的固定；

② 立柱式连接挡板承担纵向的弯曲受力；

③ 为进一步保证连接，收水器间加装了一定直径的螺栓，保证收水器连接的整体效果。

图 4-4 圆柱导叶型收水器注塑成型试样

4.2 收水器的性能试验

模拟试验依据《工业冷却塔测试规程》（DL/T 1027—2006）、《冷却塔淋水填料、除水器、喷溅装置性能试验方法》（DL/T 933—2005），设计 50∶1 双曲线冷却塔模拟系统和机械通风冷却塔模拟系统，对冷却塔运行状况进行全方位的试验及监测。对波纹板收水器和圆柱导叶型收水器在其他工况完全相同的情况下进行模拟塔试验，为评价系统工作状态及节水效率提供可靠的数据依据。

4.2.1 试验平台

4.2.1.1 流体相似理论

在流体流动的过程中服从纳维-斯托克斯方程及连续方程：

$$\nabla \cdot v = 0$$

$$(v \cdot \nabla) \, v = -\frac{1}{\rho} p + \nu \Delta \nu \qquad\qquad (4\text{-}1)$$

式中　v——速度矢量，m/s；

　　　p——压力，Pa；

　　　ρ——流体密度，kg/m³；

　　　ν——流体的黏性力。

导出的三个无量纲量：

弗劳德数 $Fr = \dfrac{v^2}{gl}$，其中 l 为物体的特征长度；

欧拉数 $Eu = \dfrac{p}{\rho v^2}$；

雷诺数 $Re = \dfrac{vl}{\nu}$。

Fr 为弗劳德数，是位移惯性力与重力的比值；Eu 为欧拉数，是动力压强与位移惯性力的比值；Re 为雷诺数，是位移惯性力和黏性力的比值。

冷却塔模拟试验中，建立的模型按照流体力学的要求，要分别符合几何相似与动力相似，主要参考弗劳德、欧拉、雷诺数研究流体的动力相似性。由于不会同时满足雷诺与弗劳德数相似，因此要根据试验需求进行选取。冷却塔的模型试验普遍分为两类[19-20]：一类为冷态试验，满足 Re 相似，试验过程中不需要淋水，要求满足进风口附近的流动相似性，冷态试验不能够测试塔的热力性能；另外一类为热态试验，满足 Fr 相似，试验中增加了雨区淋水，并且满足塔内热力相似，但这种热态试验不能满足塔外进风口附近的流动相似。热态试验用于研究冷却塔进风口的控风和导流系统机理，分析冷

却塔内部热力机理、性能和气流分布状态也采用热态试验。图 4-5 所示为热
态试验模型。

图 4-5　热态试验模型

在冷态试验中，主要考虑黏性力和惯性力的影响，一般是对原型缩小比
例进行测试。满足 Re 相似所需要的气流速度较大，所以冷态试验一般在高
速风洞中达到自模化状态下进行。此时测试的流场不受气流速度的影响，所
获得的流场分布与实际是一致的。冷态试验可参考文献 [21]，满足雷诺数
相似，讨论的是冷却塔进风口处导流板气流阻力的机理，测试的是冷却塔外
部流场，其模型如图 4-6 所示。

图 4-6　冷态试验模型

热态试验主要是模拟实际运行环境，不同工况下塔内的热力性能与实际
运行情况接近。进塔空气与循环水之间进行传热传质，由于塔内外空气形成

的密度差会产生向上的浮力。热态试验可在此环境内研究各种侧风工况下冷却塔的热力性能。在热态试验中，黏性力是次要因素，浮力和侧风惯性力是主要因素，必须满足弗劳德数相似。

在模型设计中达到流动的近似相似，主要考虑了流动过程中起到主导作用的定性准则，忽略次要定性准则。文献[22-25]中，对冷却塔内部的流动对冷却效率的影响进行了研究，考虑到模型塔中重力是主要影响流动的因素，而不是黏性力，因此考虑弗劳德准则忽略雷诺准则。

冷却塔的抽力是主要形成气流的原因，抽力（F）的公式可以表示为：

$$F = H_e g (\rho_1 - \rho_2) \tag{4-2}$$

式中　H_e——有效高度，m；

　　　g——重力加速度，m/s^2；

　　　ρ——湿空气密度，kg/m^3。

由式（4-2）可以得出，塔内外空气密度的差异是塔内风速形成的原因，由浮力造成塔内流场的形成，所以塔内流体符合弗劳德数相似较为合理。

雷诺数相似主要衡量的是流体湍流的分布情况。在水力模型中要想真实反映紊动过程，首先就要模拟出控制水流紊动过程的主要因素，即大尺度的旋涡[26-27]。在弗劳德数相似模型中能够比较准确地模拟出这种大尺度旋涡，但在弗劳德数相似缩比较小的模型中，雷诺数的差异会引起微小紊动结构的改变。但只要雷诺数超过临界雷诺数，对紊流主体影响不大，就能较为准确地对过程进行模拟。赵振国[22]探讨了冷却塔模型的规律，除满足几何相似外，由于不能同时满足雷诺数和弗劳德数相等，因此使模型流动达到紊流，能够较为准确地模拟紊动的输移过程。

4.2.1.2　建立模拟试验平台

（1）确定模型计算依据

以内蒙古呼和浩特某电厂为例，厂中实际冷却塔的填料层直径为77m，填料层空气流速为1～2m/s，空气黏度为17.9Pa·s，塔内的雷诺数为215.1万～860万。冷却塔放缩40倍，满足弗劳德数相似情况下，气流速度为0.16～0.31m/s，填料层直径为1.9m，雷诺数为16983～32905。

一般管道雷诺数$Re < 2300$为层流状态，$Re = 2300 \sim 4000$为过渡状态，$Re > 4000$为紊流状态，$Re > 10000$为完全紊流状态。模型与实际电厂的冷却塔内雷诺数均为完全紊流状态，模型的放缩不会影响塔内的紊流状态。

表 4-6 列出了分别利用雷诺数相似和弗劳德数相似将模型按 40：1 进行放缩后的尺寸及参数。在模型比例放缩为 40：1 后，采用塔内流体雷诺数相似，收水器处风速接近 40m/s，收水器为 1：1 放入，收水器内流体流动不符合雷诺数相似与弗劳德数相似。综上所述，本节冷却塔模型采用弗劳德数相似进行计算。

表 4-6 按两种流体相似性计算 40：1 放缩后的参数

参数	原塔	模型塔（雷诺数相似）	模型塔（弗劳德数相似）	模型塔 1：1
高度/m	105	2.625	2.625	2.625
填料直径/m	77	1.925	1.925	1.925
填料处风速/(m/s)	1	40	0.158	1.5
风机容量/(m³/h)	—	418883.85	1654.591208	15708.1444

模型放缩 40 倍后，模型尺寸如图 4-7 所示。

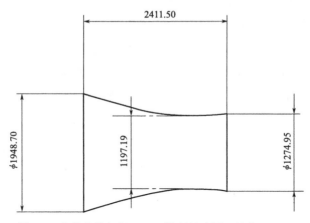

图 4-7 弗劳德数相似 40：1 模型尺寸图（单位：mm）

试验测试用模型塔以呼和浩特某电厂冷却塔为计算依据，结合上述分析及实际加工工况条件，选择几何比例按照 50：1 进行放缩，具体放缩计算见表 4-7。

表 4-7 火电厂原理放缩计算表

名称	模拟塔数据	理论依据	原塔数据
模型冷却塔塔高/mm	2100.00	电厂实际尺寸除以 50，几何相似	105000.00
模型塔出风口直径/mm	1019.96	电厂实际尺寸除以 50，几何相似	50998.00
模型塔进风口直径/mm	1558.96	电厂实际尺寸除以 50，几何相似	77948.00

续表

名称	模拟塔数据	理论依据	原塔数据
进风口高度/mm	156.00	电厂实际尺寸除以50,几何相似	7800.00
淋水密度/[t/(m² · h)]	24.00	DL/T 933—2005《冷却塔淋水填料、除水器、喷溅装置性能试验方法》	24.00
通过塔内的气体流速/(m/s)	1~3	DL/T 933—2005《冷却塔淋水填料、除水器、喷溅装置性能试验方法》	1~3

经相似性计算,所使用的设备数据见表 4-8,可满足模拟塔对于风速、淋水密度及温度的性能要求。

表 4-8　设备数据表

项目类别	名称	数据	单位
风机	风机压头	60	Pa
	风机容量	19000	m³/h
水泵	水泵容量	27	m³/h
加热器	加热器功率	190	kW

（2）模拟塔的加工与设计

基于流体相似的 50:1 模拟试验平台,如图 4-8 所示,主要由模拟试验塔、加热装置、水循环装置、数据采集及处理装置构成。图中轴流风机主要的作用是控制进出塔风速,液位计用来测量塔池内的液位变化,入塔水温由锅炉控制,淋水密度由循环水泵控制,通过流量计进行监测。

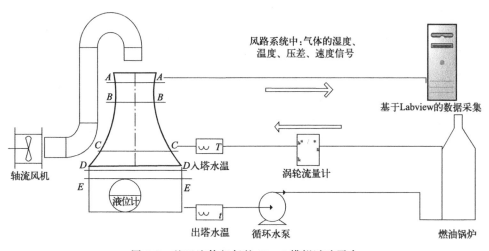

图 4-8　基于流体相似的 50:1 模拟试验平台

　　模拟塔测控系统的设计包括水路循环系统（水路系统）和风路测试系统（风路系统）。试验水路循环系统界面如图 4-9 所示，试验风路测试系统界面如图 4-10、图 4-11 所示。

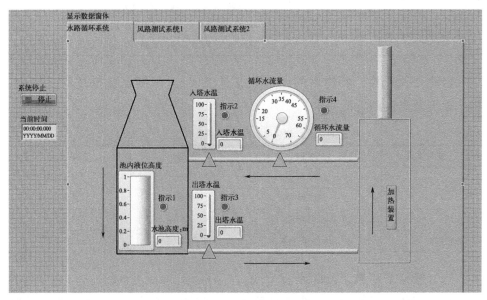

图 4-9　试验水路循环系统界面

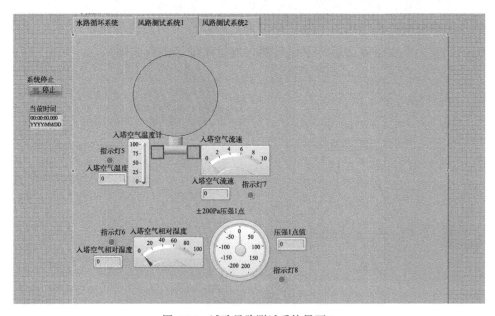

图 4-10　试验风路测试系统界面 1

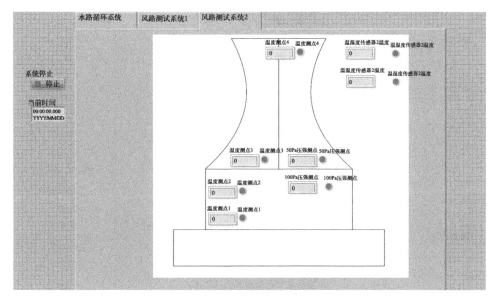

图 4-11 试验风路测试系统界面 2

用于数据采集的传感器类型及要求如表 4-9 所示。

表 4-9 传感器汇总

传感器名称	测试指标	量程	测量类型	对环境要求	测量位置
管道用温度变送器	温度	0～100℃	PT100 直接测量	温度范围内即可,探头防水	水循环管道内
温湿度传感器	温度与湿度	温度:1～100℃ 湿度:0～100%	SHT11 芯片直接测量	干燥空气无问题,淋水后传感器敏感度下降	风路系统中环境的温度
热式风速仪	风速	0～10m/s	利用温差变化辨别风速	相对湿度小于90%,不凝露	风路系统中
微差压变送器	阻力	100～102Pa	利用内部环境与外部环境的气压差值来测量阻力	环境要求较低	双曲线试验塔内
液体流量计	循环水流量	7～70m³/h	涡轮流量计,电流感应测量	安装位置具体见说明	循环水入塔位置
液位变送器	液位	0～1m	压力测量水位变化	防水,无要求	集水池壁面上

自然通风逆流湿式模拟试验冷却塔内测试点(测点)安装相应传感器进行数据采集,具体传感器及测点如表 4-10、图 4-12 所示。传感器的安装原则不应影响塔内流体的流动性能。

133

表 4-10　试验平台测点

测点类型	代码序号	测点名称	测量精度
水路系统	S01	液位变送器	±0.5%
	S02	入塔水温	±0.5℃
	S03	出塔水温	±0.5℃
	S04	循环水流量	1%
风路系统	F01	入塔空气温度	±0.5℃
	F02	入塔空气相对湿度	±1.5%
	F03	入塔空气流速	0.2%FS(满量程)
	F04	压强测点 D(风入口处)	0.1Pa
	F05	压强测点 $C3$(收水器出口处)	0.1Pa
	F06	压强测点 $C2$(收水器入口处)	0.1Pa
	F07	温度测点 $C1$(填料上)	±0.5℃
	F08	温度测点 $C2$(收水器进风口处)	±0.5℃
	F09	温度测点 $C4$(收水器出风口处)	±0.5℃
	F10	温度测点 A(双曲线出口处)	±0.5℃
	F11	风机进口处温度	±0.5℃
	F12	风机进口处相对湿度	±1.5%

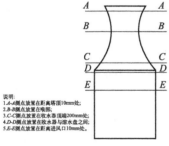

说明:
1. A-A测点放置在距离塔顶10mm处;
2. B-B测点放置在喉部;
3. C-C测点放置在收水器顶端200mm处;
4. D-D测点放置在收水器与淋水盘之间;
5. E-E测点放置在距离进风口10mm处。

风路系统测点位置		
温湿度测点	风速测点	微差压测点
$A1$	$A1$	$A1$
$A2$	$A3$	$A3$
$A4$	$A5$	$A5$
$B1$	$B1$	$B1$
$B2$	$B3$	$B3$
$B4$	$B5$	$B5$
$C1$	$C1$	$C1$
$C2$	$C3$	$C3$
$C4$	$C5$	$C5$
$D1$	$D1$	$D1$
$D2$	$D3$	$D3$
$D4$	$D5$	$D5$
$E1$	$E1$	$E1$
$E2$	$E3$	$E3$
$E4$	$E5$	$E5$

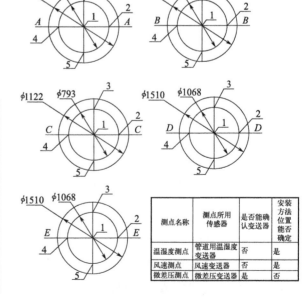

图 4-12　试验平台测点

依据雷诺数相似理论、前期理论分析和仿真试验研究结论，按照实际火电厂双曲线形冷却塔 50：1 的比例，充分考虑各种可能的工况，按照淋水面积 1.7m²、淋水密度 5.8～17.6t/(m²·h)、最大通风量 24500m³/h 的参数设计自然通风逆流湿式冷却塔模拟装置，通过试验验证相关分析、仿真结果。为了观察气流的形态变化和收水器的流动状态，模拟装置塔身采用透明有机玻璃材料。试验主体装置如图 4-13 所示。

模型塔示意图　　　　　　　　　　实际测试塔

图 4-13　50：1 自然通风逆流湿式冷却塔模拟装置

依据《工业冷却塔测试规程》（DL/T 1027—2006）、《冷却塔淋水填料、除水器、喷溅装置性能试验方法》（DL/T 933—2005），设计相应的计算机测控系统，实现对模拟塔的压力、温度、湿度、风速、流量、液位等参数的实时测量、显示和记录，模拟测试系统框图如图 4-14 所示。经对空塔设置风速参数，对塔内不同位置的压力进行测试，与仿真结果对比，发现测试结果与计算机仿真相吻合。

4.2.2　物理性能试验

4.2.2.1　拉伸性能

（1）试验依据

拉伸性能试验参照 GB/T 1446《纤维增强塑料性能试验方法总则》和 GB/T 1447《纤维增强塑料拉伸性能试验方法》标准进行测试[17-27]。

135

新型旋流收水器——设计原理与实践

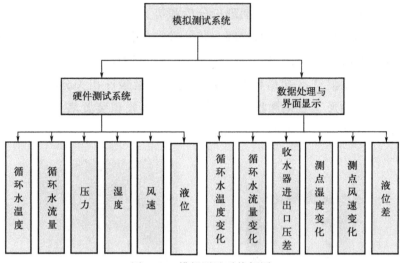

图 4-14　模拟测试系统框图

（2）试验原理

沿着试样的轴向施加静态拉伸载荷直至试样断裂，在这个过程中测量所施加的力和伸长变形，对拉伸应力、拉伸强度和拉伸模量进行计算，并绘制应力-应变曲线等。

（3）试验设备

试验设备为电液伺服万能试验机（50t），设备应符合以下要求：

① 试验仪器的载荷相对误差范围不应超过±1%。

② 对试样施加的力处于满载荷的 10%～90% 之间，不能低于设备最大吨位的 4%。

③ 加载速度为 5mm/min。

（4）试样

试样型式如图 4-15 所示，具体尺寸见表 4-11，单位：mm。

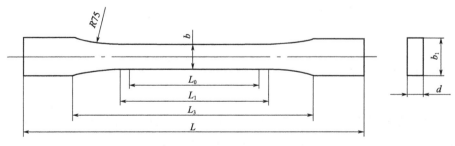

图 4-15　拉伸试样尺寸样本

136

表 4-11　试样尺寸标记

符号	L	L_0	L_1	L_3	b	d	b_1
名称	总长	标距	中间平行段长度	夹具间距	中间平行段宽度	厚度	端头宽度
数值	180	50	55	115	10	2	20

（5）试验步骤

PVC 波纹板材料试样、玻璃纤维增强聚丙烯复合材料（自制）有效测试试样各 5 个，试验环境条件温度为（23±2）℃，相对湿度为（50±10）％，进行试验前先将试样置于试验室标准环境下 24h 再进行有关测试。具体试验操作步骤如下：

① 检查试样外观，将有缺陷的试样或者尺寸不满足要求的试样作废。

② 检查试样状态，应符合标准试验室温度。

③ 对试样进行编号，并取试样的任意三个位置测量宽度及厚度，计算算术平均值。

④ 在拉伸仪上夹持住试样，试样的中心线与上、下夹具的中心线对准。

⑤ 加载速度按 2mm/min 进行。

⑥ 连续加载直至试样破坏，记录试样的最大力及断裂伸长等数据。

⑦ 根据计算机记录的数据计算拉伸模量、断裂强度、断裂伸长率和绘制应力-应变曲线。

⑧ 观察断口，如果出现如下断口应予作废：

a. 试样破坏在夹具内部缺陷处。

b. 试样断裂处离夹紧处距离小于 10mm。

（6）计算过程

① 拉伸应力按如下公式计算：

$$\sigma_t = \frac{F}{bd} \qquad (4\text{-}3)$$

式中　σ_t——应力，MPa；

F——屈服载荷、破坏载荷或最大载荷，N；

b——试样宽度，mm；

d——试样厚度，mm。

② 断裂伸长率计算公式：

$$\varepsilon_t = \frac{\Delta l_b}{l_0} \times 100\% \qquad (4\text{-}4)$$

式中　ε_t——试样断裂伸长率，%；

Δl_b——标距 l_0 内当试样被拉伸断裂时的伸长量，mm；

l_0——测量的标距，mm。

③ 拉伸模量采用分级加载时，计算公式为：

$$E_t = \frac{l_0 \Delta F}{bd \Delta l} \tag{4-5}$$

式中　E_t——拉伸模量，MPa；

ΔF——载荷-变形曲线上初始阶段直线部分的载荷增量，N；

Δl——与载荷增量 ΔF 对应的标距 l_0 内的变形增量，mm。

④ 采用自动记录装置测定时，对于给定的应变，拉伸弹性模量为：

$$E_t = \frac{\sigma'' - \sigma'}{\varepsilon'' - \varepsilon'} \tag{4-6}$$

式中　E_t——拉伸模量，MPa；

σ''——应变为 $\varepsilon'' = 0.0025$ 时所对应的拉伸应力值，MPa；

σ'——应变为 $\varepsilon' = 0.0005$ 时所对应的拉伸应力值，MPa。

如材料说明或技术说明中另有规定，σ'' 和 σ' 可取其他值。

⑤ 泊松比计算公式：

$$\mu = -\frac{\varepsilon_2}{\varepsilon_1} \tag{4-7}$$

式中　μ——泊松比；

ε_1、ε_2——轴向应变、横向应变。

$$\varepsilon_1 = \frac{\Delta l_1}{l_1}, \quad \varepsilon_2 = \frac{\Delta l_2}{l_2} \tag{4-8}$$

式中　l_1、l_2——轴向和横向的测量标距，mm；

Δl_1、Δl_2——标距 l_1 和 l_2 的变形量，与 ΔF 对应，mm。

（7）试验结果

经拉伸性能测试对比两种材料的性能如表 4-12 所示。

表 4-12　不同材料性能对比试验结果

性能	传统 PVC 材料	自制纤维复合材料
最大力/N	345.78	2963.95
最大总断裂伸长率/%	14.03	5.92

续表

性能	传统 PVC 材料	自制纤维复合材料
拉伸模量/MPa	107.57	933.36
拉伸强度/MPa	63.16	472.6
总能量/(N·m)	4.76	5.27

应力-应变曲线如图 4-16、图 4-17 所示。

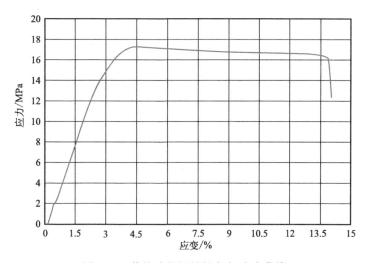

图 4-16　传统波纹板材料应力-应变曲线

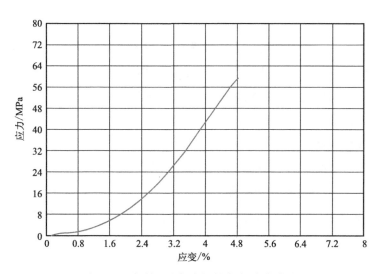

图 4-17　自制纤维复合材料应力-应变曲线

(8) 试验结果分析

通过表 4-12 试验结果可以看到，玻璃纤维增强聚丙烯复合材料（自制纤维复合材料）的拉伸性能远远高于传统波纹板 PVC 材料的性能。玻璃纤维增强聚丙烯复合材料的最大拉伸应力为 2963.95N，远远高于仿真模拟的应力 172.386N，因此，所设计的旋流收水器复合材料结构符合安装强度。

通过图 4-16、图 4-17 曲线可以看到，PVC 和玻璃纤维增强聚丙烯复合材料的应力-应变曲线虽然都经历了弹性变形，但曲线形态有所不同。通过应力-应变曲线可以看到，初始部分服从胡克定律。随着应变的增大，材料的应力与应变偏离了线性比例关系，这与试样中由应力引起的"塑性"流动有关。PVC 试样在 3% 应变范围内近似为直线，应变超过比例极限后，到达拉伸强度极限之后，材料出现应变软化，对新加的应变的每一增量只需相对较小的应力。玻璃纤维增强聚丙烯复合材料发生了预缩的现象，其塑性相比之下较大，具有很大的弹性形变，玻璃纤维增强聚丙烯复合材料的应力-应变曲线符合弹性材料的特征。

4.2.2.2　弯曲性能

(1) 试验依据

GB/T 1446《纤维增强塑料性能试验方法总则》；

GB/T 1449《纤维增强塑料弯曲性能试验方法》。

(2) 试验原理

采用无约束支撑，进行三点弯曲测试，如图 4-18 所示。给试样以恒定的速率加载直至试样破坏或达到预先设定的挠度值。试验进行中测量施加在试样上的载荷和试样的挠度，获得材料的弯曲强度、弯曲模量以及弯曲应力与应变的曲线关系。

(3) 试验仪器

试验采用弯曲性能试验机，设备应符合如下要求：

① 试验仪器的载荷相对误差应低于 ±1%。

② 对试样施加的力要高于设备最大吨位的 4%，低于满载荷的 90%。

③ 加载速度为 5mm/min。

(4) 试样及尺寸

如图 4-19 所示为弯曲试样尺寸，图中单位为 mm。

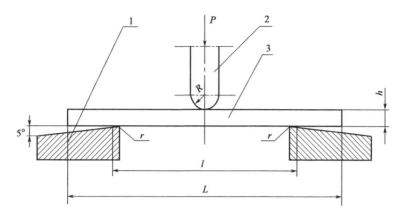

图 4-18　弯曲性能测试工作示意图
1—试样支座；2—加载上压头；3—试样；l—跨距；P—载荷；L—试样长度；
h—试样厚度；R—加载上压头圆角半径；r—支座圆角半径

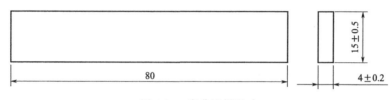

图 4-19　弯曲试样尺寸

（5）试验步骤

试验前将试样放在室内温度（23±2）℃、相对湿度（50±10）％的试验室标准环境条件下，放置 24 小时后进行性能测试。

① 将有缺陷的试样或者尺寸不符合要求的试件作废。

② 对合格试样进行编号，取三个位置进行宽度和厚度的测量，计算平均值，划线测量精度为 0.01。调节跨距 $l=(16±1)h$ 及上压头的位置，准确至 0.5mm，使加载上压头位于支座中间。本试样厚度为 2.5，因此跨距设置为 40mm。将试样对称地平放于两支座上。

③ 对试样施加初载荷，数值大约是破坏载荷的 5％。

④ 加速度设置为 10mm/min。

⑤ 测定弯曲强度时，连续加载。

⑥ 由于系统可自动记录，因此测定弯曲模量及载荷-挠度曲线时可连续加载。

141

（6）计算过程

① 弯曲强度 σ_f 计算公式：

$$\sigma_f = \frac{3Pl}{2bh^2} \qquad (4\text{-}9)$$

式中　σ_f——弯曲强度，MPa；

　　　P——破坏载荷，N；

　　　l——跨距，mm；

　　　h——试样厚度，mm；

　　　b——试样宽度，mm。

② 弯曲模量计算公式：

$$E_f = \frac{l^3 \Delta P}{4bh^3 \Delta S} \qquad (4\text{-}10)$$

式中　E_f——弯曲模量，MPa；

　　　ΔP——载荷增量，即载荷-挠度曲线上初始直线段的增量，N；

　　　ΔS——挠度增量，即载荷增量 ΔP 对应的跨距增量，mm。

③ 采用自动记录装置测定时，对于给定的应变 $\varepsilon'' = 0.0025$、$\varepsilon' = 0.0005$，弯曲模量按下式计算：

$$E_f = 500(\sigma'' - \sigma') \qquad (4\text{-}11)$$

式中　E_f——弯曲模量，MPa；

　　　σ''——应变 $\varepsilon'' = 0.0025$ 时对应的弯曲应力值，MPa；

　　　σ'——应变为 $\varepsilon' = 0.0005$ 时所对应的弯曲应力值，MPa。

如果材料说明或技术说明中有其他的规定，σ'' 和 σ' 可取其他值。

（7）试验结果

① 试验数据：表 4-13 为传统 PVC 材料与自制的玻璃纤维增强聚丙烯复合材料的弯曲性能对比试验结果。

表 4-13　不同复合材料性能对比试验结果

性能	传统 PVC 材料	玻璃纤维增强聚丙烯复合材料
弯曲模量	833.41MPa	4704.97MPa
挠度	6.88mm	3.64mm
弯曲强度	59.94MPa	191.10MPa
断裂挠度	15.90mm	4.07mm
最大弯曲力	208.12N	664.62N

② 应力应变曲线：如图 4-20、图 4-21 所示。

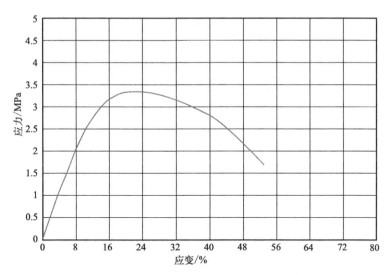

图 4-20　传统 PVC 材料应力-应变曲线

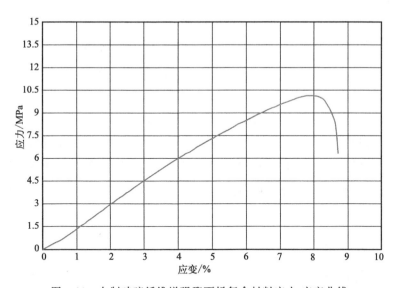

图 4-21　自制玻璃纤维增强聚丙烯复合材料应力-应变曲线

（8）试验结果分析

通过表 4-13 中数据，可以看到自制的玻璃纤维增强聚丙烯复合材料的弯曲模量达到 4.7GPa，弯曲强度为 191.1MPa，远远优于传统 PVC 材料的弯曲性能，完全符合发电厂对收水器的力学性能要求。图 4-20 与图 4-21 分别为 PVC 材料和玻璃纤维增强聚丙烯复合材料的弯曲应力-应变曲线。试件受到力的作用时，先发生了弹性变形，这时应力应变成比例，玻璃纤维增强聚丙烯复合材料相比应力较高；经过屈服点后，材料发生塑性变形，PVC 材料的塑性变形大。从表 4-13 中可以看到，玻璃纤维增强聚丙烯复合材料较 PVC 具有高模量和屈服强度，PVC 材料相对模量低，屈服强度低，弹性变形和塑性变形较大。

4.2.3 化学性能试验

大气中的水分或者高温会对树脂基复合材料产生作用，使其力学性能产生一定的变化[28]。对材料在环境下的抗老化性能的评价是通过老化试验来进行的[29-36]。评价复合材料抗老化性能的试验方法有很多，主要可分为两类：一类是将材料置于自然环境条件下进行试验测试；另一类是采取人工老化试验方法，在室内或者利用设备模拟材料使用的环境条件，对一些因素加以强化，可在较短的时间里获得老化试验结果。

目前，火电厂逆流湿式冷却塔内收水器材料主要为 PVC，一般使用 1～2 年即需要更换，究其主要原因就是光和湿热对 PVC 性能的影响较大。人们一直对其热稳定性能机理和技术进行研究，但在火力发电厂的冷却塔和一些环保水处理装置里，PVC 波纹板收水器长期处于湿热和空气作用的环境，有关波纹板 PVC 材料的湿热老化性能研究并不多。

针对这种情况，本节对传统波纹板及新型复合材料收水器材料的湿热老化性能进行研究论述，对现在冷却塔内常用的工业级的硬 PVC 塑料片材及玻璃纤维增强聚丙烯复合材料在湿热老化试验中的性能变化进行测试，并加以对比。

4.2.3.1 试验方法

（1）试验依据

GB/T 2573—2008《玻璃纤维增强塑料老化性能试验方法》及 GB/T 7141—2008《塑料热老化试验方法》。

（2）湿热试验原理

试样在恒定或交变湿热条件下，经规定的湿热试验周期后，测定其外观、物理或力学性能的变化。

（3）试验箱

采用 DHS-225 恒温恒湿试验箱，温度范围 0~150℃，湿度范围 30%~98%。

在 1.4~2.5h 内温度变化范围应在 24~60℃，在恒温或温度上升期间，将相对湿度保持在 93%；在降温期间，相对湿度应保持在 80%~96%。

试验箱内各处温度、湿度要均匀一致。箱内空气必须持续搅动，试样周围空气层内任意部位的空气流速应保持在 0.4~1.0m/s。在对试验箱进行调节过程中不得对试样产生热辐射等影响。试验箱内的湿度用蒸馏水进行调节，及时将箱壁面上的冷凝水排出。

（4）试样

按 GB/T 1040 系列标准的要求制作玻璃纤维增强聚丙烯复合材料（纤维增强 PP）及 PVC 片材试样，尺寸标准根据所测力学性能标准中的规定确定。试样应随机取样、分组，具有同批性，每组试样至少测试 5 个。

（5）试验条件

选择恒定湿热测试条件：温度 50℃，相对湿度 98%。

以 24h 为一试验周期。当试验箱内的温度、湿度均达到规定值后开始计算第一周期。

（6）试验步骤

将清理干净的试样放入箱内，试样之间及试样与箱壁之间保持一定距离。

需要取或放试样时，开启箱门的时间尽量缩短，避免试样凝结水珠。

试验周期可选择：1，2，6，14，28。到达规定的试验周期后，取出试样，按规定对试样进行状态调节再进行性能测试。

给试样施加一定的载荷，将试样分别老化 2d、6d、14d 和 28d 后，在 60℃下干燥，测量其弯曲、拉伸性能，与老化前进行比较。

（7）试验结果

两种复合材料在湿热条件下老化过程中的静态力学性能测定数据见表 4-14。

表 4-14 不同材料在不同老化时间下性能

性能	指标	材料	时间				
			0d	2d	6d	14d	28d
拉伸性能	拉伸模量/MPa	PVC	107.57	98.34	102.31	83.91	64.54
		纤维增强 PP	933.36	1045.37	952.03	924.03	877.36
	拉伸强度/MPa	PVC	17.29	16.89	15.43	11.78	9.98
		纤维增强 PP	59.28	66.39	64.02	59.20	58.09

性能	指标	材料	时间				
			0d	2d	6d	14d	28d
弯曲性能	弯曲模量/MPa	PVC	870.49	826.97	696.39	661.57	522.30
		纤维增强 PP	4835.21	5367.08	4786.86	4723.03	4595.38
	弯曲强度/MPa	PVC	59.30	56.34	52.19	40.33	37.36
		纤维增强 PP	191.41	212.47	206.72	189.50	189.50

4.2.3.2 湿热老化对拉伸强度的影响

随着湿热老化的进行，两种材料拉伸性能如图 4-22 与图 4-23 所示。

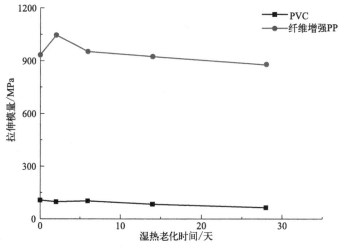

图 4-22 湿热老化对拉伸模量的影响

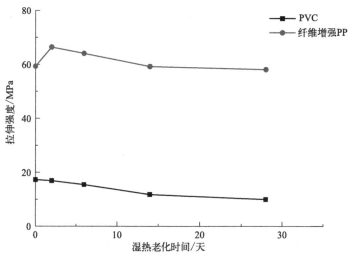

图 4-23 湿热老化对拉伸强度的影响

从图中可以看到，随着老化时间的增加，PVC 和玻璃纤维增强聚丙烯复合材料的拉伸性能均不同程度地发生了下降。湿热老化处理时间较短时，PVC 与玻璃纤维增强聚丙烯复合材料的力学性能趋势有所不同。传统的波纹板收水器 PVC 材料的拉伸强度及拉伸模量发生降低。而玻璃纤维增强聚丙烯复合材料的拉伸强度及拉伸模量则呈现先增大后降低的变化规律。湿热处理 2d 内，材料性能发生小幅度的增加，这是由于复合材料的拉伸性能主要表征为增强体承受外界载荷的能力，而基体则起传递应力的作用。由于材料处于一定温度和湿度的环境下，湿热的作用改善了材料内部热应力，因而拉伸性能有所提高。在湿热老化 28d 时，PVC 的拉伸强度由最初的 17.29MPa 降低为 9.98MPa，保持率为 57.7%；拉伸模量由最初的 107.57MPa 降低为 64.54MPa，降低了 40%，降低幅度较大。主要原因是 PVC 的耐热性能较差，使用范围通常不高于 55℃，冷却塔内环境温度在 50℃左右，对其拉伸性能影响较大。从表 4-14 中可以看出，在湿热老化 28d 时，复合材料的拉伸强度由最初的 59.28MPa 降低为 58.09MPa，保持率为 98%；拉伸模量由最初的 933.36MPa 降低为 877.36MPa，保持率为 94%。相比而言，玻璃纤维增强聚丙烯复合材料的抗老化性能要高于 PVC 收水器，温湿度对其拉伸性能影响不大。

4.2.3.3 湿热老化对弯曲性能的影响

图 4-24 和图 4-25 所示为玻璃纤维增强聚丙烯复合材料以及 PVC 材料在湿热老化环境下弯曲强度和弯曲模量随老化时间的变化情况。

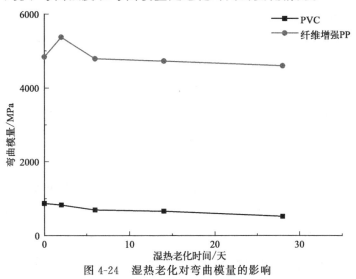

图 4-24　湿热老化对弯曲模量的影响

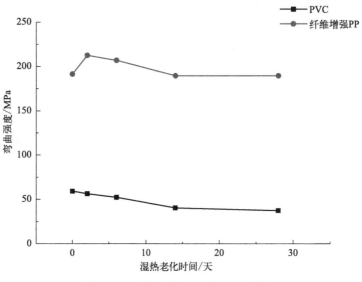

图 4-25　湿热老化对弯曲强度的影响

从图中可以看出，材料的弯曲强度、弯曲模量随着老化时间的增加均会发生不同程度的降低。28d 后，PVC 弯曲强度由 59.3MPa 降为 37.36MPa，下降了 37％。玻璃纤维增强聚丙烯弯曲强度由 191.41MPa 降为 189.5MPa，下降了 1％；PVC 弯曲模量保持率为 60％，玻璃纤维增强聚丙烯保持率为 95％。可见，PVC 材料的弯曲力学性能下降非常显著，玻璃纤维增强聚丙烯复合材料的力学性能保持率较高，其主要原因是 PVC 材料的耐热性能较差，玻璃纤维增强聚丙烯复合材料的耐热性能较好。

由于收水器常年处于一定的温湿度环境中，因此，对材料的耐湿热老化性能要求较高。通过对常用 PVC 材质及玻璃纤维增强聚丙烯复合材料的耐湿热老化性能进行测试比较，得出玻璃纤维增强聚丙烯复合材料在温度 50℃、相对湿度 98％的环境下，力学性能稍有下降。而传统波纹板收水器的 PVC 材料力学性能一直下降，下降幅度较大。因此，玻璃纤维增强聚丙烯相对 PVC 的耐湿热老化性能更优。

通过材料选择、工艺优化和性能测试，确定了圆柱导叶型收水器的材料选择。采用聚丙烯树脂基体并以 30％的玻璃纤维增强，不仅在拉伸强度、拉伸模量、弯曲强度和弯曲模量上相对 PVC 表现出显著提升，而且在抗冲击强度和热变形温度方面也得到了改善，展现出优异的综合性能。

4.2.4 节水性能试验

4.2.4.1 试验测试方案

（1）设备参数概况

冷却塔部分设计参数：

淋水面积：$1.7m^2$。

淋水密度：$11.7\sim7.14m^3/(m^2 \cdot h)$。

最大通风量：$24500m^3/h$。

（2）试验参照标准及仪器

试验参照标准明细，见表4-15。

表4-15　试验参照标准明细

序号	标准/文件编号	标准/文件名称
1	DL/T 1027—2006	工业冷却塔测试规程
2	DL/T 933—2005	冷却塔淋水填料、除水器、喷溅装置性能试验方法

注：除水器即收水器。

试验使用数据采集仪器明细，见表4-16；风路、水路测试内容及测点代码见表4-17。

（3）测试方法及测量仪器

塔外气象参数测试：在冷却塔进风口处放置温湿度变送器一个，可以测量入塔空气的湿度与温度。塔内填料内放置PT100温度变送器一个。收水器下端、上端与塔出口处各放置PT100温度变送器一个，一分钟采集数据3次。在进风口处放置一个热式风速传感器（风速仪），测量入塔的风速。

塔内循环水温度测试：在进入冷却塔处放置0.5级涡轮流量计一个，测量进入冷却塔的循环水流量。在循环水出塔位置和循环水入塔位置各放置一个精度为1级的PT100温度变送器。塔内循环水的液位采用投入式液位变送器测量。

表4-16　试验仪器明细

序号	仪器名称	规格型号
1	皮托管	L-8-1000
2	皮托管	L-8-300

续表

序号	仪器名称	规格型号
3	热式风速仪	0～10m/s
4	微差压计	0～30Pa
5	管道用温湿度变送器	4～20mA、0～5/10VDC
6	涡轮流量计	LWGY9012
7	温度变送器	PT100
8	投入式液位变送器	4～20mA

表 4-17　测点代码表

代码序号	测点类型	测点名称
S01	水路系统	液位变送器
S02		入塔水温
S03		出塔水温
S04		循环水流量
F01	风路系统	入塔空气温度
F02		入塔空气相对湿度
F03		入塔空气流速
F04		±200Pa 压强测点（风入口处）
F05		50Pa 压强测点（收水器出口处）
F06		±100Pa 压强测点（收水器入口处）
F07		温度测点 1（填料上）
F08		温度测点 2（收水器进风口处）
F09		温度测点 3（收水器出风口处）
F10		温度测点 4（双曲线出口处）
F11		风机进口处温度
F12		风机进口处相对湿度

（4）试验要求及注意事项

试验测试过程中应注意的事项：①试验测试期间该塔停止补水和排污；②试验期间配水系统应保持清洁，无漏水和溢流，喷嘴应完整无缺损；③当外界风速大于 5.0m/s 时停止试验工作；④试验时，进水闸门的调整应由当值运行人员操作，以便及时处理异常事故。

收水器试验参数的选择范围见表 4-18，收水器各参数的测量时间间隔及次数见表4-19。

表 4-18 收水器试验参数的选择范围

项目	试验范围	每次测量值相对该工况的平均值允许波动范围
淋水密度/[t/(m² · h)]	6～30	±3%
收水器处平均风速/(m/s)	1～3	±0.3
收水器阻力/Pa	试验确定	±1

表 4-19 收水器各参数的测量时间间隔及次数

参数名称	测量次数	时间间隔/min
进塔空气干球温度	3	3
进塔空气湿球温度	3	3
大气压力	1	—
淋水密度	3	3
收水器处平均风速	3	3
收水器阻力	3	3
水量减少	3	3

（5）试验数据处理方法

算术平均滤波：

$$\overline{y} = \frac{1}{N}\sum_{i=1}^{N} y_i \qquad (4\text{-}12)$$

式中　N——采样值；

　　　$\overline{y}$——N 个采样值的算术平均值；

　　　y_i——第 i 个采样值。

一元线性回归：

$$\hat{y} = b_0 + bx \qquad (4\text{-}13)$$

$$b = \frac{N\sum_{i=1}^{N} x_i y_i - \sum_{i=1}^{N} x_i \sum_{i=1}^{N} y_i}{N\sum_{i=1}^{N} x_i^2 - \left(\sum_i^N x_i\right)^2} \qquad (4\text{-}14)$$

$$b_0 = \frac{\sum_{i=1}^{N} x_i^2 \sum_{i=1}^{N} y_i - \sum_{i=1}^{N} x_i \sum_{i=1}^{N} x_i y_i}{N\sum_{i=1}^{N} x_i^2 - \left(\sum_i^N x_i\right)^2} \qquad (4\text{-}15)$$

式中　N——采样值；

x_i——第 i 个自变量的值；

y_i——第 i 个因变量的值。

（6）试验测试方案

① 试验一：空塔测试。

空塔测试的目标是要了解外界环境温度的变化对冷却塔自身耗水量的影响。试验变化量为试验场所周边的环境温度，这里选择一天中温度较低的时间进行第一次试验，一天中温度最高的时间进行第二次试验，具体测试方案见表 4-20。试验恒定量为塔内所有设施不变，风机调试到 40Hz，入塔水温恒定 60℃。

表 4-20　空塔测试

项目序号	试验时间	试验名称	试验变化量	内部设施		待测量值	处理后需得到的量
1.1	3:40 至 5:37	外界温度低时空塔单位时间的耗水试验	日出前试验周边的环境温度	收水器	无	塔内分层的温度变化，液位下降量	单位小时空塔内耗水量
				淋水盘	有		
				填料	有		
1.2	14:21 至 16:21	外界温度高时空塔单位时间的耗水试验	午间试验周边环境温度	收水器	无	塔内分层的温度变化，液位下降量	单位小时空塔内耗水量
				淋水盘	有		
				填料	有		

② 试验二：波纹板、旋流收水器收水率试验。

本试验主要测试安装新型纤维增强复合材料旋流收水器与传统波纹板 PVC 收水器冷却塔的单位小时耗水量，测试方案见表 4-21。试验恒定量为有填料及淋水装置、60℃入塔水温、40Hz 风机频率、40Hz 循环水泵频率。

表 4-21　收水率试验

项目序号	试验名称	试验变化量	需要测量的量	处理后需得到的量
2.1	安装旋流收水器情况下冷却塔的单位时间内的耗水试验	旋流收水器	塔内分层的温度变化，液位下降量	单位小时空塔内耗水量
2.2	安装波纹板收水器情况下冷却塔的单位时间内的耗水试验	波纹板收水器	塔内分层的温度变化，液位下降量	单位小时空塔内耗水量

③ 试验三：安装波纹板收水器、正向放置旋流收水器、反向放置旋流收水器试验。

试验方案见表4-22，整个试验塔内各部件的放置位置不变，试验恒定量为有填料及淋水装置、风机变频25Hz、水泵变频30Hz，选取连续几天中外界温度接近的时间（气温基本恒定）进行试验。

表 4-22   波纹板、正反向放置旋流收水器试验

项目序号	试验名称	试验变量	需要测量的量	处理后需得到的量
3.1	波纹板收水器测试2h热态试验	波纹板收水器	冷却塔各层温度、冷却塔进出口水温、液位差	液位差、进出口循环水温差、收水器上下温差
3.2	旋流收水器反向放置2h热态试验	反向放置旋流收水器	冷却塔各层温度、冷却塔进出口水温、液位差	液位差、进出口循环水温差、收水器上下温差
3.3	旋流收水器正向放置2h热态试验	正向放置旋流收水器	冷却塔各层温度、冷却塔进出口水温、液位差	液位差、进出口循环水温差、收水器上下温差

④ 试验四：波纹板收水器与圆柱导叶型收水器节水能效对比试验。

表 4-23 是在保证两天内所有可控因素一致情况下对比波纹板收水器和圆柱导叶型收水器的节水效果的相关说明。

表 4-23   波纹板收水器与圆柱导叶型收水器节水能效对比试验

项目序号	试验名称	试验时间	试验可控影响因素	试验不可控影响因素
4.1	圆柱导叶型收水器(2018-04-25)	4h(10:30—14:30)	1. 将试验装置水位添加至60cm（静止水位） 2. 固定温度计 3. 锅炉温度值为(47±2)℃（锅炉显示温度） 4. 水泵速频（变频）设定为17.61Hz（变频器显示值） 5. 风机速频设定为27.9Hz（变频器显示值） 6.10:15点燃锅炉	1.2018年4月25日环境温度(17.3±2)℃ 2.2018年4月26日环境温度(22±1.5)℃
4.2	波纹板收水器(2018-04-26)			
4.3	圆柱导叶型收水器(2018-07-13)	4h(10:30—14:30)	1. 将试验装置水位添加至60cm（静止水位） 2. 固定温度计 3. 锅炉温度值为(47±2)℃（锅炉显示温度） 4. 水泵速频设定为17.61Hz（变频器显示值） 5. 风机速频设定为27.9Hz（变频器显示值） 6.10:30点燃锅炉	1.2018年7月13日环境温度(31.3±2)℃ 2.2018年7月14日环境温度(28±2)℃
4.4	波纹板收水器(2018-07-14)			

4.2.4.2　试验测试数据

（1）试验一：空塔试验数据记录

试验1.1外界温度低时空塔单位时间的耗水试验测试数据见表4-24。试验1.2外界温度相对高时空塔单位时间的耗水试验测试数据见表4-25。

表 4-24　试验 1.1 操作记录

试验时间	自动测量液位/m	手动测量液位/m	室外温度/℃	备注
3:40	0.665	0.802	−4.9	开始稳定液位
4:03	0.665	0.802	−5.4	开水泵与锅炉
4:16	—	0.800	−13.9	打开风机
5:06	—	0.685	−15.3	运行中
5:15	—	0.677	−15.1	运行中
5:17	—	—	—	关闭系统,稳定液位
5:37	0.620	0.763	−14.4	稳定后的液位

注:试验1.1中手动测量液位为试验地面至液面的距离。

表 4-25　试验 1.2 操作记录

试验时间	自动测量液位/m	手动测量液位/m	室外温度/℃	备注
14:21	0.665	0.812	2.1	开始稳定液位
14:28	—	0.802	2.4	开水泵与锅炉
15:01	—	0.722	2.4	打开风机
15:23	—	0.704	2.6	运行中
15:42	—	0.694	2.8	运行中
15:56	—	0.681	2.8	运行中
16:01	—	0.678	2.8	关闭系统,稳定液位
16:21	0.574	0.764	2.7	稳定后的液位

注:试验1.2中手动测量液位为试验地面至液面的距离。

（2）试验二：波纹板、旋流收水器耗水量测试数据

旋流收水器试验数据见表4-26，波纹板收水器试验数据见表4-27。

表 4-26　试验 2.1 操作记录

试验时间	自动测量液位/m	手动测量液位/m	室外温度/℃	备注
15:04	0.681	0.295	2.1	开始稳定液位
15:19	—	—	3.2	开水泵与锅炉

试验时间	自动测量液位/m	手动测量液位/m	室外温度/℃	备注
15:33	—	—	3.3	打开风机
15:48	—	—	2.9	运行中
16:06	—	—	2.8	运行中
16:20	—	—	3.0	运行中
16:33	—	—	2.8	关闭系统,稳定液位
16:51	0.640	0.342	2.7	稳定后的液位

注:试验2.1中手动测量液位为水池壁顶端至液面的距离。

表 4-27　试验 2.2 操作记录

试验时间	自动测量液位/m	手动测量液位/m	室外温度/℃	备注
17:59	0.646	0.336	0.4	开始稳定液位
18:09	—	—	0.6	开水泵与锅炉
18:20	0.543	—	0.7	运行中
18:39	0.530	—	0.3	运行中
18:55	0.523	—	−0.6	运行中
19:09	0.505	—	−0.1	关闭系统,稳定液位
19:29	0.597	0.386	−0.1	稳定后的液位

注:试验2.2中手动测量液位为水池壁顶端至液面的距离。

（3）试验三：正、反向放置旋流收水器与波纹板收水器耗水量验证性测试数据

传统波纹板收水器试验数据见表4-28，反向放置旋流收水器试验数据见表4-29，正向放置旋流收水器试验数据见表4-30。

表 4-28　波纹板收水器试验（试验 3.1）过程记录

时间	液位/cm	A 点温度/℃	B 点温度/℃
14:17	64.3	16.6	19.7
14:33	63.6	18.6	13.5
14:48	62.9	21.5	14.5
15:02	62.0	17.2	15.1
15:17	61.2	17.5	—
15:32	60.4	—	—
15:47	59.7	19.5	14.3

续表

时间	液位/cm	A 点温度/℃	B 点温度/℃
16:02	58.9	16.9	13.7
16:15	57.53	—	—

注:A、B 两点位置见图 4-8。

表 4-29　反向放置旋流收水器试验（试验 3.2）过程记录

时间	液位/cm	A 点温度/℃	B 点温度/℃
9:16	63.8	17.2	12.7
9:31	63.0	14.4	15.5
9:46	62.3	16.1	15.6
10:01	61.6	15.0	14.7
10:16	60.9	14.8	13.0
10:31	60.2	15.1	12.3
10:46	59.4	17.8	16.9
11:01	58.7	16.1	14.5
11:16	58.2	17.9	17.9

表 4-30　正向放置旋流收水器试验（试验 3.3）过程记录

时间	液位/cm	A 点温度/℃	B 点温度/℃
12:14	64.0	16.5	14.3
12:29	63.3	16.3	13.0
12:44	62.5	17.8	20.1
12:59	61.7	15.8	13.2
13:14	61.0	18.9	19.4
13:29	60.2	16.8	17.4
13:44	59.5	17.5	15.0
13:59	58.7	16.9	12.0
14:14	58.14	18.2	15.1

（4）**试验四：波纹板收水器与圆柱导叶型收水器节水能效对比试验测试数据**

波纹板收水器试验数据及圆柱导叶型收水器试验数据见表 4-31～表 4-34。

① 2018 年 4 月 26 日波纹板收水器试验数据。

表 4-31 波纹板收水器试验数据表 1

影响因子	风机速频:27.9Hz;锅炉温度:45℃;水泵速频:17.61Hz;初始静止液面高度:60cm								
序号	时间	环境温度/℃	入塔水温/℃	出塔水温/℃		入塔风速/(m/s)		出塔风速/(m/s)	瞬时液位高/cm	
				显示	测量	显示	测量		显示	测量
1	10:30	16.3	28	27.1	29	2.8	2.3	4.15	52.8	51.8
2	11:00	17	34.2	32.2	35.6	2.35	1.82	4.0	52.1	51.3
3	11:30	17	38	36.8	37	2.95	1.83	4.1	51.4	50.5
4	12:00	18.3	38.9	37.2	38	2.8	2.1	4.1	51.3	49.8
5	12:30	18.4	38	36.8	39	2.15	2.0	4.2	51	49.4
6	13:00	17.8	38.9	37.8	39	2.5	2.3	4.3	50.8	48.9
7	13:30	18.5	37.4	37.1	39	2.49	1.78	5.2	50	48
8	14:00	19.4	39	38	40	2.59	2.3	4.9	49.3	47.3
9	14:30	18.2	39.5	38.8	40	2.4	2.2	4.4	48.5	46.8
最终液面静止高度	$\Delta_{波纹板}$=53.6cm			损失液位高度		Δh=6.40cm				

② 2018 年 4 月 25 日圆柱导叶型收水器试验数据。

表 4-32 圆柱导叶型收水器试验数据 1

影响因子	风机速频:27.9Hz;锅炉温度:45℃;水泵速频:17.61Hz;初始静止液面高度:60cm								
序号	时间	环境温度/℃	入塔水温/℃	出塔水温/℃		入塔风速/(m/s)		出塔风速/(m/s)	瞬时液位高/cm	
				显示	测量	显示	测量		显示	测量
1	10:30	19.6	31	35	35	2.1	1.7	4.6	52.4	51.8
2	11:00	20.1	38.5	37.2	37.2	2.5	1.95	4.5	52	51.3
3	11:30	20.1	39	38.7	38.7	2.6	1.83	4.6	51.9	50.5
4	12:00	22.1	40	39.7	39.7	2.3	2.0	4.69	51.2	49.8
5	12:30	23	40	39	39	2.3	2.02	4.56	51	49.4
6	13:00	24.1	39.8	38.9	38.9	2.5	2.01	4.51	50.7	48.9
7	13:30	23.3	39.9	38.8	38.8	2.3	2.1	4.7	50.1	48
8	14:00	24.4	39.3	38.1	38.1	2.25	1.73	3.9	49.9	47.3
9	14:30	24.5	39.8	38.1	39.9	2.3	1.84	3.92	48.9	46.8
最终液面静止高度	$\Delta_{旋流}$=54.95cm			损失液位高度		Δh=5.05cm				

③ 2018 年 7 月 13 日圆柱导叶型收水器试验数据。

表 4-33　圆柱导叶型收水器试验数据 2

影响因子	风机速频：27.9Hz；锅炉温度：45℃；水泵速频：17.61Hz；初始静止液面高度：60cm									
序号	时间	环境温度/℃	入塔水温/℃	出塔水温/℃		入塔风速/(m/s)		出塔风速/(m/s)	瞬时液位高/cm	
				显示	测量	显示	测量		显示	测量
1	10:40	32.4	36	33	35	1.92	1.82	4.2	51	52
2	11:00	30.5	36.8	38	40	1.87	1.79	4.15	50.8	51.8
3	11:30	29.7	40	43	42	1.85	1.78	4.3	51	51.3
4	12:00	30.9	41	40	44	1.82	2.1	4.2	50	50.3
5	12:30	33.4	41	42.5	44	1.83	1.96	4.39	50	50
6	13:00	31.5	42	42.3	44	1.8	1.8	4.53	49.3	49.8
7	13:30	31.6	42	41	45	1.82	1.87	4.44	49.1	49.5
8	14:00	30.4	41.8	42	45	2.0	1.76	4.32	48.5	49
9	14:30	31.3	43.2	41.8	45	1.97	1.71	4.27	48	48.3
最终液面静止高度	$\Delta_{旋流}=56.6cm$			损失液位高度			$\Delta h=3.40cm$			

④ 2018 年 7 月 14 日波纹板收水器试验数据。

表 4-34　波纹板收水器试验数据表 2

影响因子	风机速频：27.9Hz；锅炉温度：45℃；水泵速频：17.61Hz；初始静止液面高度：60cm									
序号	时间	环境温度/℃	入塔水温/℃	出塔水温/℃		入塔风速/(m/s)		出塔风速/(m/s)	瞬时液位高/cm	
				显示	测量	显示	测量		显示	测量
1	10:40	25.8	35.2	34.4	38	1.93	1.78	4.5	52	51.6
2	11:00	28	41.75	37.51	40	1.97	1.87	4.55	50.3	51.3
3	11:30	28.2	40.37	39.71	44	1.94	1.90	4.63	50.1	50.6
4	12:00	28.6	44	44	43	2.0	2.01	4.65	49.1	49.9
5	12:30	29	44	43	44	1.89	2.01	4.63	48.7	48.8
6	13:00	29.3	43	42	42	1.88	1.91	4.7	47.8	47.7
7	13:30	30.4	43.27	42.15	43.5	1.97	1.92	4.83	46.3	46.5
8	14:00	30	44.56	44	42.3	1.89	1.87	4.81	51	45.7
9	14:30	30.4	43	41.5	44	1.98	1.97	4.83	45.5	45
最终液面静止高度	$\Delta_{波纹板}=53.7cm$			损失液位高度			$\Delta h=6.30cm$			

4.2.4.3 试验结论与分析

（1）试验一：温度对空塔耗水量的影响分析

试验 1.1 与试验 1.2 前后液位差值见表 4-35，测点平均温度见表 4-36。

表 4-35 试验 1.1 与试验 1.2 液位对比   单位：m

项目	试验 1.1	试验 1.2
开机前液位值	0.6653	0.6646
开机后液位值	0.6208	0.5736
开机前后液位差值	0.0445	0.0910
手动测量液位差值	0.0390	0.0480

表 4-36 试验 1.1 与试验 1.2 温度对比   单位：℃

项目	试验 1.1	试验 1.2
全程平均进塔空气温度	−4.7726	2.5374
全程平均填料测点温度	47.0464	53.6778
全程平均出塔水温测点温度	37.2925	37.9684

① 由表 4-35 可知，在外界温度为 −5℃ 时，根据手动液位测量，液位下降量为 0.039m，塔耗水量为 0.1105m³/h；在外界温度为 2.5℃ 时，根据手动液位测量，液位下降量为 0.088m，塔耗水量为 0.2484m³/h。综上所述，外界环境温度越高，冷却塔耗水量越大。

② 从表 4-36 中可知，在外界温度为 −5℃ 时，填料层温度为 47.05℃；在外界温度为 2.5℃ 时，填料层温度为 53.68℃。综上所述，外界环境温度越高，冷却塔填料处换热越差。

③ 从表 4-36 中可知，在外界温度为 −5℃ 时，出塔水温为 37.29℃；在外界温度为 2.5℃ 时，出塔水温为 37.97℃。综上所述，外界环境温度越高，冷却塔系统换热越差。

（2）试验二：安装旋流收水器与传统波纹板收水器性能测试分析

试验 2.1 与试验 2.2 为安装旋流收水器与传统波纹板收水器性能测试，两次试验的液位对比见表 4-37，测点温度对比见表 4-38。

表 4-37　试验 2.1 与试验 2.2 液位对比　　　　　单位：m

项目	试验 2.1	试验 2.2
开机前液位值	0.6809	0.6462
开机后液位值	0.6400	0.5971
开机前后液位差值	0.0409	0.0491
手动测量液位差值	0.0470	0.0500

表 4-38　试验 2.1 与试验 2.2 温度对比　　　　　单位：℃

项目	试验 2.1	试验 2.2
全程平均进塔空气温度	1.9108	−1.3569
全程平均填料测点温度	56.3745	59.1546
全程平均出塔水温测点温度	37.4538	37.0568

① 从表 4-37 可知，塔内安装旋流收水器，在外界温度为 3℃时，手动液位下降量为 0.047m，计算得出耗水量为 $0.1332m^3/h$。经计算此种工况下空塔耗水量为 $0.2576m^3/h$，节水量为 $0.1244m^3/h$。同理，塔内安装波纹板收水器，在外界温度为 0℃时，手动液位下降量为 0.05m，塔耗水量为 $0.1417m^3/h$，节水量为 $0.1091m^3/h$。本次试验中旋流收水器相比波纹板节水率提高了 14%。

由此可以得出，旋流收水器的节水量大于波纹板收水器。

② 从表 4-38 中可知，塔内安装旋流收水器，当外界温度为 2.5℃时，填料层温度为 56.37℃；在塔内安装波纹板收水器，外界温度为 −1℃时，填料层温度为 59.1℃。同等条件下，冷却塔内填料处的温度随外界环境温度升高而升高，试验 2.1 与试验 2.2 中，旋流收水器试验环境温度高于波纹板收水器，而测量得到旋流收水器填料处温度反而低于波纹板收水器填料处温度，推理得到旋流收水器对换热起到增强作用。

由此可以得出，旋流收水器在环境温度高于波纹板收水器的试验条件下，换热效果仍然强于波纹板；在环境温度相同时，旋流收水器较波纹板的换热效果会更好。

通过试验测试得出：

① 冷却塔单位时间耗水量随着外界温度的增高而增加，水蒸气因为换热

气体的温度降低凝结量增加，这一现象符合热力学原理。

② 冷却塔填料处温度和出塔循环水温度均会因为外界环境温度升高而增高。根据热交换定律，换热量与发生热交换工质温度差成正比，即外界空气和入塔循环水的温度差与带走的热量成正比，此试验结果符合热力学定律。

③ 旋流收水器比波纹板收水器收回的循环水要多，如果单纯依靠挡板截留住液滴，那么实投影面积越大收水率应该越高。但是经过计算发现，旋流收水器的实投影面积要比波纹板小，说明旋流收水器增加了湿空气中水蒸气及微小液滴的碰撞聚并概率，从而验证了涡流环境下微小液滴聚并机理。

④ 试验 2.1 中的试验现象符合热力学理论推导，因此试验测试环境可靠，试验 2.2 中推导出的结论是可信的。

（3）试验三：正、反向放置旋流收水器与波纹板收水器耗水量试验结论及分析

根据试验三记录表计算得出液位高度变化见表 4-39。

表 4-39　机械测量液位高度变化

项目	机械测量液位变化量/cm	单位小时耗水量/(L/h)
波纹板收水器	6.77	95.88
旋流收水器反向放置	5.60	79.35
旋流收水器正向放置	5.86	83.01

从表 4-39 中可以看出，冷却塔在放置三种收水器的过程中，波纹板收水器液位的变化相对较大，旋流收水器反向放置的液位下降量最小，为 5.6cm，达到了最好的收水效果。旋流收水器反向放置比波纹板收水器多收回循环水 16.53L/h，旋流收水器反向放置比正向放置多收回循环水 3.66L/h。

通过物理试验测试数据可知：旋流收水器反向放置收水效率＞旋流收水器正向放置收水效率＞波纹板收水器收水效率。

① 在相同环境因素情况下，通过试验 3.1 与试验 3.2、试验 3.1 与试验 3.3 的对比，可以看出旋流收水器的优良特性——冷却塔单位时间耗水量在安装旋流收水器的情况下均较低。根据现场的试验现象，在安装波纹板收水器的冷却塔内，塔壁沾水较少，壁面清晰；在安装旋流收水器的冷却塔内，壁面沾水情况较为严重，已经无法清晰显示塔内气体流动情况，结合紊流液滴碰撞的理论，推断在紊流造成液滴碰撞后，尽可能多的小水滴聚集成大液

滴，在离心力作用下，分散到冷却塔周边。即波纹板主要依靠形状挡水，旋流收水器除依靠形状挡水外，还依靠旋流作用下液滴的碰撞凝结，所以旋流收水器的收水效果明显。

② 通过试验3.2与试验3.3的数据对比可以看出，旋流收水器正向放置情况下收水率比反向放置的情况要低，从理论角度推论造成这种现象的可能原因如下：反向放置相比正向放置轴向速度低，微小液滴有更多时间发生聚并；另外旋流收水器反向放置，诱起的涡向外扩散，在收水器上方，不同的涡相互干扰，增强了流体的湍流度，增加了液滴碰撞聚并的概率，也会提高收水效率。

③ 从试验3.2和试验3.3的对比中可以看出，旋流收水器在反向放置情况下冷却塔单位小时的耗水量低于旋流收水器正向放置的情况，此物理试验结论与数值模拟试验结论相吻合，验证了数值模拟的可靠性。

④ 试验中波纹板收水器面积是旋流收水器的5倍，旋流收水器在实现节水效果的同时，最大限度地节省了材料的使用。

(4) 试验四：波纹板收水器与圆柱导叶型收水器节水能效对比分析

从试验4.1与试验4.2两次试验水位（液位）数据可以看出，在可控影响因子相同的条件下，圆柱导叶型收水器水位较波纹板收水器下降较慢，较为稳定，并且剩余水位高度较波纹板收水器高。

根据上面的试验数据分析可得：

试验4.1和4.2进行的波纹板收水器与圆柱导叶型收水器节水耗能对比，重要可控影响因子均保持相对一致，2018年4月25日环境温度较26日环境温度高5℃的参数条件下，得出如下试验结论：

液位差 $h_1 = \Delta_{旋流} - \Delta_{波纹板} = 0.0135\text{m}$；

波纹板损失液位高度 $\Delta h = 6.40\text{cm}$；

节水率：$h_1 / \Delta h = (1.35/6.4) \times 100\% = 21.09\%$（以试验节水量进行对比）；

收水槽底面积 $s = \pi R^2 = 3.14 \times 0.95^2 = 2.83385\text{m}^2$；

液位体积 $V_1 = h_1 \times s = 0.038257\text{m}^3$；

单位小时液位体积 $V_2 = V_1 \div 4 = 0.00956\text{m}^3$；

模拟塔与CNF-5000型单位小时处理水量比 $= 5000/5 = 1000$；

年运行时间 $T = (365-30) \times 24 = 8040\text{h}$；

一年有效节水量 $V_总 = V_2 \times$ 比率 $\times T = 0.00956 \times 1000 \times 8040 = 76862.4t$（试验真实数据）；

单塔运行年补水量 $V_3 = (600/12) \times T = 402000t$；

年节水率 $= (V_总/V_3) \times 100\% = 19.12\%$（相对数据）。

试验 4.3 和试验 4.4 进行的波纹板收水器与圆柱导叶型收水器节水耗能对比，重要可控影响因子均保持相对一致，2018 年 7 月 13 日环境温度较 14 日环境温度高 3℃的参数条件下，得出如下试验结论：

液位差 $h_1 = \Delta_{旋流} - \Delta_{波纹板} = 0.029m$；

收水槽底面积 $s = \pi R^2 = 3.14 \times 0.95^2 = 2.83m^2$；

液位体积 $V_1 = h_1 \times s = 0.082m^3$；

单位小时液位体积 $V_2 = V_1 \div 4 = 0.02m^3$；

模拟塔与 CNF-5000 型单位小时处理水量比 $= 5000/5 = 1000$；

年运行时间 $T = (365-30) \times 24 = 8040h$；

一年有效节水量 $V_总 = V_2 \times$ 比率 $\times T = 0.02 \times 1000 \times 8040 = 160800t$（试验真实数据）；

单塔运行年补水量 $V_3 = (600/12) \times T = 402000t$；

年节水率 $= (V_总/V_3) \times 100\% = 40\%$（相对数据）。

综上，设计涡轮式结构，采用独创的复合材料配比，节水效果明显，较传统波纹板收水器节水效率提高 $20\% \sim 40\%$。

4.2.5 水质性能试验

对比旋流收水器收集的循环冷却水与波纹板收水器及循环水池内的循环冷却水的差别，以此辅助验证涡旋环境下的微小液滴碰撞聚并机理。旋流收水器比波纹板收水器多截流的水是由于旋流环境中增加了直径低于 $50\mu m$ 的微小液滴的碰撞聚合机会。

4.2.5.1 试验测试方案

将旋流收水器放置在波纹板收水器上方，分别收集旋流收水器下方（标记为 1 点）、波纹板收水器下方（标记为 2 点）的水。将收集到的水与循环水池内（标记为 3 点）的循环水做对比，通过测试不同位置的水质，分析旋流收水器收集到的循环水的水质是否会有变化。

(1) 采收水样

试验取水点（测点）如图 4-26 所示。流程如图 4-27 所示，在设备运行稳定 30min 后，开始收集收水器捕捉的冷却水。每组试验运行 2h。

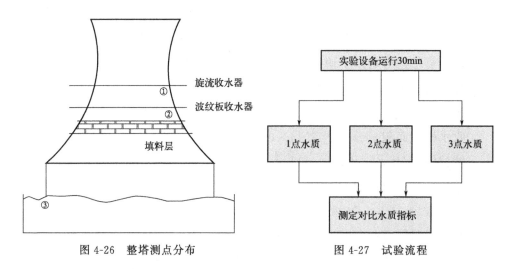

图 4-26　整塔测点分布　　　　　　图 4-27　试验流程

(2) 检测分析

表 4-40 中列出了循环冷却水的水质测试主要指标及对应的方法。由于冷却塔内水的变化主要为物理变化，不涉及化学变化，因此主要对不同测点的浊度、悬浮物对比。

表 4-40　循环冷却水主要水质指标及测量方法

项目	测量方法	项目	测量方法
pH 值	玻璃电极法	Cl^- 含量测定	硝酸银标液滴定
浊度	浊度仪/分光光度计	SO_4^{2-} 含量测定	硫酸钡重量法
COD	COD 速测仪（重铬酸钾法）	总碱度	酸碱滴定
悬浮物	重量法	钙硬度	EDTA（乙二胺四乙酸）滴定

4.2.5.2　试验测试结果

试验测试结果见表 4-41。

表 4-41　试验记录表

项目	3 点（池内）	2 点（波纹板下方）	1 点（旋流下方）
pH 值的测定	5.4～6	6	6.5～7

项目	3点(池内)	2点(波纹板下方)	1点(旋流下方)
浊度/(mg SiO₂/L)	52	30	20
COD 的测定/(mg/L)	54	56	50
悬浮物/(mg/L)	27.1	14.6	12.1

4.2.5.3 试验结论与分析

通过目测，1 位置点（测点）的水样清澈透明，3 位置点的水样相对浑浊，1 位置点的水样相比 3 位置点的水样清晰度明显提高。从表 4-41 中可以看到，1 位置点的水样的浊度、悬浮物和 COD 数值最低，水中杂质明显减少。悬浮物指标由原水的 27.1mg/L 降低到 12.1mg/L，降低了 55.4％。悬浮物指标的降低主要是水中泥土、粉砂等粒径较大的悬浮物（粒径为 4～10mm）含量降低，而与它们的大小、形状及折射系数相关的浊度相应也降低。

根据在 1 位置点采集的水样分析数据，其 pH 值范围在 6.5 至 7 之间，这一数值接近我们通常所理解的蒸馏水的 pH 值，这意味着 1 位置点的水质纯净，未受到明显污染。蒸馏水在理想状态下的 pH 值为 7，即呈中性。然而，在实际应用中，由于蒸馏水可能会与空气接触，从而吸收空气中的二氧化碳，导致其 pH 值轻微下降，通常会略低于 7，但这种变化幅度极小，依然能够满足高纯水的严格标准。

综上，旋流收水器对水质有明显改善。

◆ 参考文献 ◆

[1] 叶林安，吴其晔，靳奉林，等. 短玻璃纤维增强增韧 PVC 性能的研究 [J]. 塑料工业，1993，3：46.

[2] 胡廷永，李文晓，林冀松. 玻璃纤维的表面处理及含量对 GF/PVC 性能的影响 [J]. 玻璃钢/复合材料，1995，1：21.

[3] 易长海，许家瑞，曾汉民. 玻璃纤维增强聚氯乙烯复合材料的研究 [J]. 荆州师专学报（自然科学版），1999，22 (2)：12-14.

[4] 李雪. 改性 PVC 材料应用于海水冷却塔专用收水器的性能研究 [J]. 应用化工，2015，14 (11)：2159-2163.

[5] 王再玉，喻国生. 聚丙烯短切纤维增强不饱和聚酯树脂复合材料的性能研究 [J]. 洪都科技，2006，8：45-47.

[6] 赵若飞，周晓东，戴干策. 玻璃纤维增强热塑性复合材料的增强方式及纤维长度控制 [J]. 纤维复合材料，2000，17（001）：19-22，29.

[7] 申欣，孙文强，李艳霞. 高抗冲玻纤增强聚丙烯的研制 [J]. 工程塑料应用，2001，29（10）：8-10.

[8] 陈生超. 长玻纤增强聚丙烯注塑成型中纤维断裂和分布的初步研究 [D]. 郑州：郑州大学，2013.

[9] 陈星. 玻璃纤维增强聚丙烯复合材料的研究 [D]. 石家庄：石家庄铁道学院，2013.

[10] 赵延军. 短纤维增强复合材料力学性能的预测研究 [D]. 郑州：郑州大学，2004.

[11] Hu H W, Sun C T. The characterization of physical aging in polymeric [J]. Composites Science and Technology, 2000, 60: 2693-2698.

[12] Wang J Z. Physicalizing behavior of high-performance composites [J]. Composites Science and Technology, 1995, 54: 405-415.

[13] 赵华俊，毕松梅，李建. 玻璃纤维的含量对复合材料的力学性能影响及表征研究 [J]. 安徽工程科技学院学报，2009，1（24）：37-40.

[14] 肖瑞，李晓平，吴章康. 短纤维增强型聚丙烯基复合材料的性能研究 [J]. 西部林业科学，2015，4（44）：153-155.

[15] 何亚飞，矫维成，杨帆，等. 树脂基复合材料成型工艺的发展 [J]. 纤维复合材料，2011，3：7-13.

[16] 王利霞，申长雨. 工艺参数对注塑制品质量的影响研究 [J]. 郑州大学学报，2003，24（3）：62-66.

[17] Raja R S, Manisekar K, Manikandan V. Study on mechanical properties of fly ash impregnated glass fiber reinforced polymer composites using mixture design analysis [J]. Materials & Design, 2014, 55: 499-508.

[18] Fang Q, Wu X, Wu M, et al. Development Situation and Selection Discussion of Substrate Materials for High Frequency PCB [J]. Insulating Materials, 2014, 47: 17-21.

[19] 蔡汝哲. 水工模型中变态船模的相似性 [J]. 重庆交通大学学报（自然科学版），2012，03：31.

[20] 潘雯瑞. 火电厂循环水冷却塔内部流动对冷却效率影响的研究 [D]. 上海：上海电力学院，2011.

[21] 徐世凯. 射流模拟中相似准则的研究 [C]//南京水利科学研究院水文水资源与水利工程国家重点实验室. 第三届全国水力学与水利信息学大会论文集，2007.

[22] 赵振国. 冷却池试验模型律探讨 [J]. 水利学报，2005（03）：34.

[23] 龙在江. 略谈自然冷却塔加装收水器问题———一项一举两得的可行措施 [J]. 华北电力

技术，1981（04）：21-22.

[24] 赵元宾，孙奉仲，王凯．侧风对湿式冷却塔空气动力场影响的数值分析 [J]．核动力工程，2008，29（6）：35-40.

[25] 周兰欣，蒋波，叶云飞．湿式冷却塔热力性能数值分析 [J]．华北电力大学学报，2009，36（1）：53-58.

[26] 赵顺安，廖内平，徐铭．逆流式自然通风冷却塔二维数值模拟优化设计 [J]．水利学报，2003，10：26-31.

[27] 李浩．风洞虚拟飞行试验相似准则和模拟方法研究 [J]．中国空气动力研究与发展中心，2012（04）：134.

[28] 陈晓东．离网型纺织复合材料风机叶片的研究与系统设计 [D]．天津：天津工业大学，2014.

[29] 叶鼎铨．玻璃纤维增强热塑性塑料的发展概况 [J]．中国塑料，2005，19（2）：8-11.

[30] 郭书良，段跃新，肇研，等．连续玻璃纤维增强热塑/热固性复合材料力学性能研究 [J]．玻璃钢/复合材料，2009（05）：42-45.

[31] Abraham D, Matthews S, Mcilhagger R. A comparison of physical properties of glass fibre epoxy composites produced by wet lay-up with autoclave consolidation and resin transfer moulding [J]. Composites Part a-Applied Science and Manufacturing, 1998, 29：795-801.

[32] Shokriehand M M, Omidi M J. Tension behavior of unidirectional glass/epoxy composites under different strain rates [J]. Composite Structures, 2009, 88：595-601.

[33] 刘太闯，靳玲，徐冬梅，等．玻璃纤维增强聚丙烯的力学性能研究 [J]．上海塑料，2014（01）：26-29.

[34] 张文钊．湿度对玻纤复合材料力学行为影响研究 [C]//北京力学会第20届学术年会，北京，2014.

[35] 毛海亮．玻璃纤维织物及其树脂复合材料的电性能研究 [D]．上海：东华大学，2015.

[36] 包建文，陈祥宝．复合材料辐射固化技术与传统工艺的结合 [J]．宇航材料工艺，2000，3：19-23.

5

新型旋流收水器的应用

5.1 收水系统的基本模块

5.1.1 收水器模块

本书所述圆柱导叶型新型旋流收水器的形态、材料和结构设计具有完全自主知识产权。根据气液两相涡流环境中微米级液滴分布的研究，结构上通过增加导叶结构，改变了从波纹板收水器流出的湿空气的流动状态，加速了气流的旋转，增加了气体动程，气流由层流变为湍流，增大了液滴之间的碰撞概率，使直径在 $5\sim50\mu m$ 的小液滴快速碰撞融合成直径较大的液滴，打破了"临界水"的气液平衡状态，使得水蒸气中的水分子及微小液滴以碰撞后形成的较大直径的液滴回落，从而达到节水效果。

结构设计采用 Fluent 及 SolidWorks 等工具，设计后，经过大量的数值模拟和试验研究、模拟实验，比较不同形状收水器中心压降、中心速度、切向速度等参数，并根据现场环境以及风机出口流场形势进行风机口导流环网定制设计，改变外涡流带出的液滴数量，提高节水量，可实现可定制化设计的要求。目前成型的产品共有 3 种，如表 5-1 所示。

表 5-1　圆柱导叶型收水器产品列表

名称	收水器 S1	收水器 S2	收水器 S3
型号	DZ16-4020-15	DZ19-4020-18	DZ22-1608 * 4-07
图片 1			

续表

名称	收水器 S1	收水器 S2	收水器 S3
图片 2		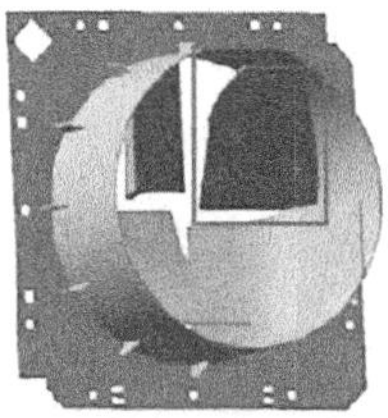	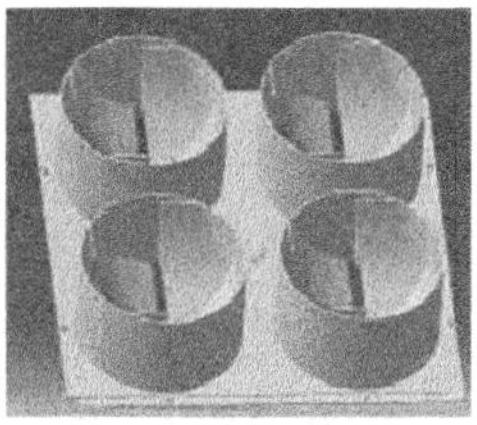
产品特点	导叶窄,叶片弧度大,通风效果好,适用于通风量较少的冷却塔	导叶宽,叶片角度大,适合2000t 及以上的机械通风冷却塔使用	该产品通风面积小,适合2000t 以下机械通风冷却塔使用

5.1.2 增高节模块

增高节装置由圆柱形导管、位于导管内壁上的四个导叶及导管下部的套筒组成,可以对冷却塔内湿热气流中的飘滴和羽雾进行阻挡,使得原本扩散到大气中的飘滴和羽雾回流到冷却塔内部。目前成型的产品共有 3 种,如表5-2 所示。

表 5-2 增高节产品列表

名称	增高节 Z1	增高节 Z2	增高节 Z3
型号	DZ22G-1608-07	DZ23G-4025-18	DZ24G-1710-07
图片	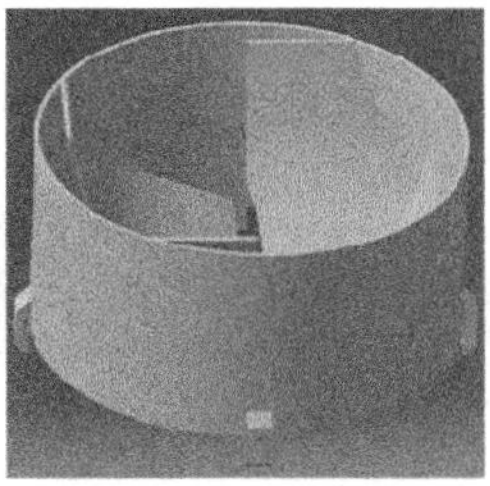	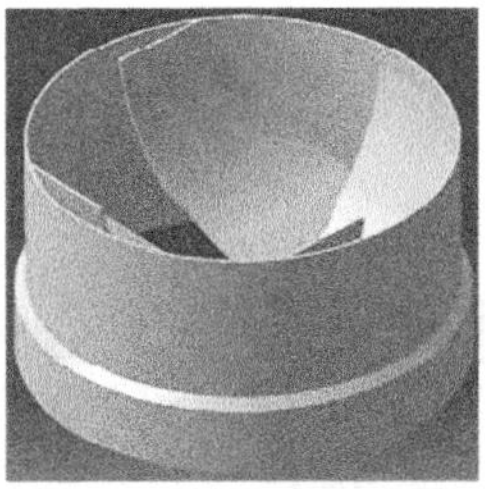	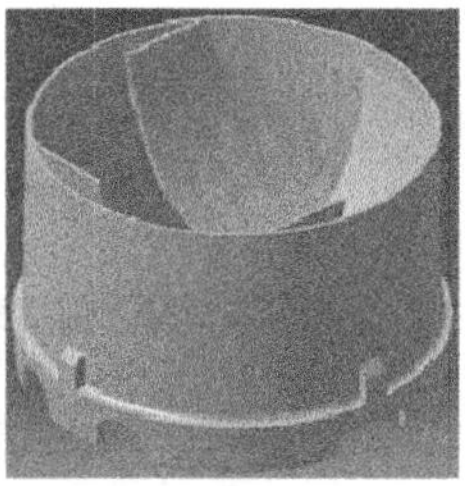
特点	配合收水器 S1 使用	配合收水器 S2 使用	配合收水器 S3 使用

5.1.3 导流环网模块

煤化工等企业使用的机械通风冷却塔中流体的主要成分是湿空气,从冷却塔排出的湿热空气流,可上升到数十米的高空,在环境风的作用下可向水平方向扩展数米以上。湿热空气带走大量热量和水蒸气，出塔后与冷空气混掺，部分凝结成小水滴而形成可见的羽雾，另一部分随空气流动而散发到环境中。针对以上情况，根据机械通风冷却塔上方双曲线风机筒设计研发了导流环网。导流环网由若干个结构相同的组件组成，安装在风机出口，原理是使用特定的弧度并在网上打有特定形状和一定排布方式的孔洞，通过孔洞和弧度改变向外涡旋的流场形式，改变外放的涡流为向内涡流，促进液滴回旋，使得原本扩散到大气中的飘滴和羽雾回流到冷却塔内部，从而达到节水目的。导流环网装置及连接示意图如图 5-1 所示，图 5-2 为导流环网安装于机械通风冷却塔塔筒出口的模型示意图。

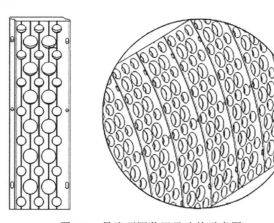

图 5-1　导流环网装置及连接示意图

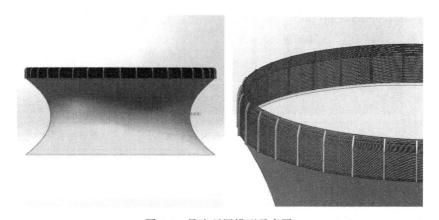

图 5-2　导流环网模型示意图

目前成型的产品共有 3 种，其形状和特点如表 5-3 所示。

表 5-3　导流环网成型产品列表

名称	导流环网 D1	导流环网 D2	导流环网 D3
型号	DZ21H-300×100×10	DZ22H-450×100×15	DZ23H-450×1500×15
图片 1			
图片 2			
产品特点	适用于出口尺寸小且风速较小的机械通风冷却塔	适用于出口尺寸和弯度大且风机风速较大的机械通风冷却塔	适用于塔型面积较大、节水效率需求较高的机械通风冷却塔

5.1.4　除水罩模块

针对部分机械通风冷却塔风机抽力大、雾滴飞溅严重的情况，设计了除水罩模块。其原理是对湿热气流中的水滴和羽雾进行阻挡回流，提高液滴的聚并概率，加大液滴动程，使得原本扩散到大气中的飘滴和羽雾回流到冷却塔内部，从而达到节水目的。目前成型的产品主要有 2 种：1 种是安装在冷却塔顶部导流环网上方，用于拦截从冷却塔飞溅出去的雾滴；1 种是安装在单个圆柱导叶型收水器上方，通过在冷却塔内部拦截雾滴，增加液滴之间的碰撞概率，提高收水效果。其形状及特点如表 5-4 所示。

表 5-4　除水罩模块产品列表

名称	除水罩 C1	除水罩 C2
型号	DZ23Z-740-45	DZ23Z-45-6
图片 1		

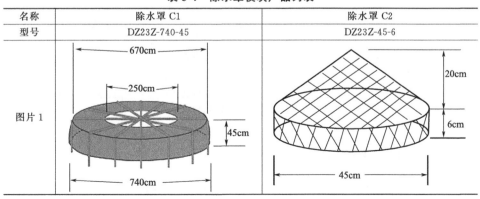

续表

名称	除水罩 C1	除水罩 C2
图片 2	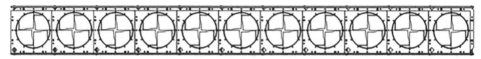	
产品特点	安装于冷却塔上,适用于风速较大、雾滴飘零严重的机械通风冷却塔	安装于单个收水器上方,适用于蒸发损失过大、抽力较大的冷却塔

5.1.5　安装托架模块

安装托架模块材料选用玻璃钢,结构依据工艺设计理论,便于固定收水器。如图 5-3～图 5-5 所示为联排托架上安装收水器的俯视图、正视图和侧视图。

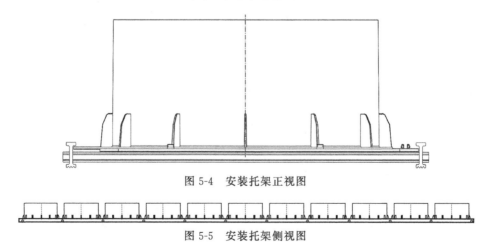

图 5-3　安装托架俯视图

图 5-4　安装托架正视图

图 5-5　安装托架侧视图

5.1.6　实时水平衡监测模块

实时水平衡监测平台(模块)是在冷却塔现有监测水平基础上进行的升

级，目的是对水平衡系统运行状况进行全方位的监测，实现循环水水效分析。冷却塔内为湿热环境，实时水平衡监测平台采用无线独立分布式监测节点，配置具有防水、防湿、防腐蚀性能的多种类型传感器，采集各项效能指标，如进出塔水温、进出塔空气湿度、日平均耗水量等参数；在进、出水管道分别安装智能传感器，用于测量管道水压、进出水流速、进出水量等参数，实现精准流量控制和管道流量计的数据采集，达到对冷却塔有效监管的目的。

实时水平衡监测平台具备实时监测、数据存储、数据分析等功能，根据对关键测点的实时数据、历史数据、关联数据的科学分析和数据挖掘，一方面为全厂合理调控提供支持，全面评估冷却塔内收水器系统的节水效能；另一方面也具备对管道漏损风险的分析能力，通过对水压数据和流速数据的分析，即可快速判断水平衡状态是否正常，若水平衡出现异常，可通过传感器的定位，快速锁定出现异常的管道方位与编号。同时对每日水状态数据和用水数据进行挖掘分析，实现对管道漏损的预测，防患于未然。实时水平衡监测平台总体架构与平台软件系统如图 5-6、图 5-7 所示。

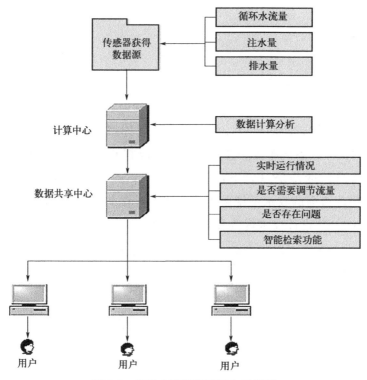

图 5-6 实时水平衡监测平台示意图

173

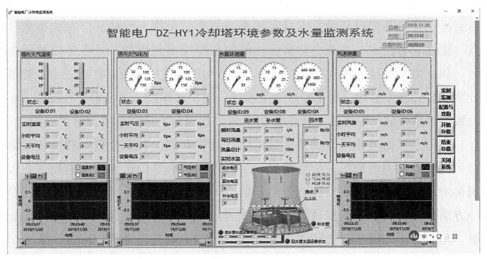

图 5-7　软件系统实际运行界面

5.2　在自然通风冷却塔的应用

5.2.1　现状

5.2.1.1　塔型及基本参数

内蒙古霍煤鸿骏铝电有限责任公司电力分公司 A 厂二期♯5 机组与♯6 机组，为同时设计、同期建设、同时投运、同种型号的 150MW 汽轮发电机组，机组的设计、系统布置完全相同，且工况相同，它们分别对应♯5、♯6 双曲线自然通风冷却塔（以下简称为♯5 塔、♯6 塔或 5 号塔、6 号塔）。♯5、♯6 塔改造前的收水系统采用传统波纹板收水系统。5♯、6♯塔的塔型为 CNF-3200，其设计技术规范及塔型尺寸如表 5-5 所示。

表 5-5　冷却塔设计技术规范及塔型尺寸

冷却塔型号	CNF-3200	单塔淋水面积	204m²
单塔设计能力	3200m³/h	设计循环水温度	33℃
换热管规格 （主进水管道）	DN800		
回水温度	进塔水温 42℃；出塔水温 33℃		
塔顶标高	10.29m	风机喉部直径	7.7m
总计高度	14.49m		

2019 年，作者团队对♯5 塔进行了圆柱导叶型收水器的改造，收水效果得到了提高；时隔四年，2023 年在♯5 塔的基础上对♯6 塔进行了进一步改造。

5.2.1.2　现场调研数据（工况）

2019 年和 2023 年先后对♯5、♯6 塔的工况进行了调研，其中厂内冷却塔的风路系统内暂时没有任何监控点（如进塔风速、塔内风速、出塔风速），塔底进风口处安装的挡风板在室外温度 20℃左右时由人工进行开关调节。冷却塔及设备的详细情况见表 5-6。

表 5-6　冷却塔及设备调研

调研内容	2019 年　♯5 塔调研结果	2023 年　♯6 塔调研结果
收水装置调研结果		
内部结构	内部为混凝土梁，间隔 1400mm 附带主梁	内部为混凝土梁，间隔 1400mm 附带主梁
波纹板排列方式	以中间为对称轴相对排布	以中间为对称轴相对排布
波纹板支架设计材料	混凝土	混凝土
水路系统		
换热强度	8～10℃	8～10℃
回水入塔压力	0.08MPa	0.08MPa
回水入塔压力监测点	0.08MPa	0.08MPa
进塔水流量和出塔水流量	根据开启水泵数量进行计算，冬季两台，夏季四台，每台 11000m³/h	

♯5、♯6 塔建成时间长，管路复杂，管路示意如图 5-8 所示。

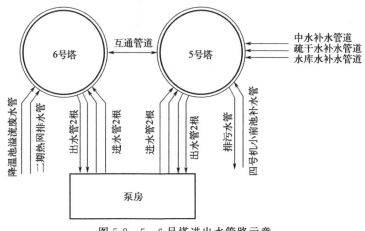

图 5-8　5、6 号塔进出水管路示意

5.2.1.3 现场测试数据（监测点工况）

由于缺少塔内外环境温湿度、风速的直接计量数据，因此使用便捷式风速仪和温度传感器对塔外风速及温度进行测量记录，如图 5-9～图 5-11 所示。

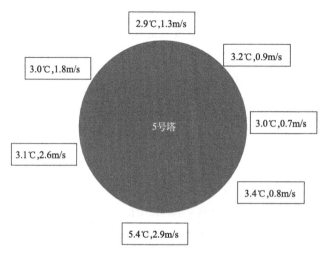

图 5-9 5#塔塔外风速与温度实测记录

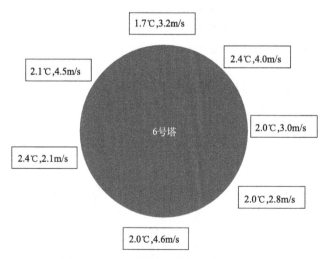

图 5-10 6#塔塔外风速与温度实测记录

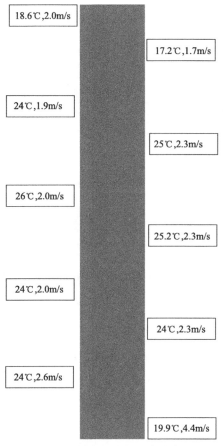

18.6℃,2.0m/s

17.2℃,1.7m/s

24℃,1.9m/s

25℃,2.3m/s

26℃,2.0m/s

25.2℃,2.3m/s

24℃,2.0m/s

24℃,2.3m/s

24℃,2.6m/s

19.9℃,4.4m/s

图 5-11　塔内风速与温度分布图

5.2.2　改造方案

5.2.2.1　改造方案中的模块

（1）♯5 塔的改造方案

根据♯5 塔实际工况、安装位置、厂方的应用需求，结合聚并函数设定的宏观条件，项目选用了圆柱导叶型收水器产品 S1 并针对塔形设计了平面布置方案。图 5-12 为♯5 双曲线自然通风冷却塔的收水器平面布置图，其根据♯5 号塔现场流速环境，针对不均匀流场进行布局设计，实现了收水层圆柱导叶型收水器的全覆盖定制安装，满足宏观的涡流环境。

（2）♯6 塔的改造方案

针对♯5 塔改造完成后的效果及鉴定结论，2023 年在此基础上对♯6 塔

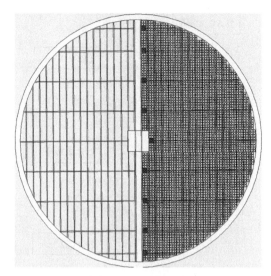

图 5-12　♯5 双曲线自然通风冷却塔的收水器平面布置图

收水层进行定制设计，如图 5-13 所示。为了使改造后的整体效果满足气液混合体的温差、速度的要求，在不改变原有工况的情况下，选用圆柱导叶型收水器产品（S2）作为主要收水产品，并在中心区域和流速较低、气液混合体较少的附面层部分，设计了流体加速装置——收水器增高节（Z2），通过加速的方式实现节水节能效益最大化。

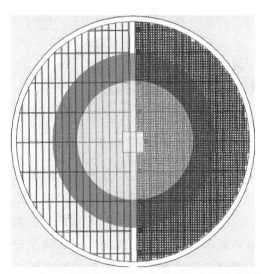

图 5-13　♯6 双曲线自然通风冷却塔的收水器平面布置图

　　♯5、♯6 双曲线自然通风冷却塔的平面布置主要考虑了以下几点：①使上升气流与收水层成相对垂直状态，且宜平整安装；②为使收水层能充分、均匀地除去（回收）上升气流中的水汽飘滴，设计时使收水层全覆盖圆柱导叶型收水器，防止收水层出现"中空"或上升气流"短路"等现象；③各个单元块收水器在安放过程中，不同收水器的弧弦方向是按照利于该位置旋流流场易于凝结而设计的，而非定向，因为旋流方向的混杂性会进一步加大水滴碰撞概率；④圆柱导叶型收水器的布置，应便于维护检修和运行管理。

5.2.2.2 辅助监测系统设计

针对♯5、♯6双曲线自然通风冷却塔全面、实时用水流量的监测需求，设计冷却塔水量实时水平衡监测系统。系统采用无线独立分布式监测节点检测塔内风速、压力、温度，在进水、出水、补水管道分别安装具有防水、防湿、防腐蚀性能的多种类型的智能传感器，用于测量管道水压、流速、流量、水温等参数，采集数据通过无线传输方式传送到系统。系统具备实时监测、数据存储、数据分析等功能，可实现实时动态监测冷却塔运行信息；根据关键测点的实时数据、历史数据、关联数据、水平衡技术，通过对每日水状态数据和用水数据进行挖掘分析，实现对管道漏损进行预测，防患于未然；通过对水压数据和流速数据的分析，即可快速判断水平衡状态是否正常，若水平衡出现异常，可通过传感器的定位，快速锁定出现异常的管道方位与编号。实时水平衡监测系统的硬件架构图如图 5-14 所示。

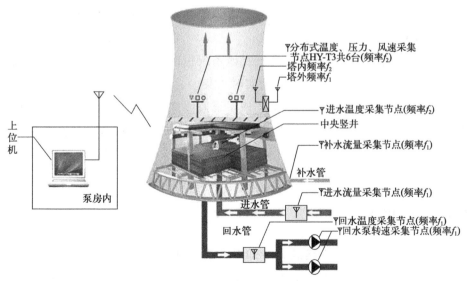

图 5-14　冷却塔内实时水平衡监测系统硬件架构图

系统共增加了进出水管流量计 15 个，在进水、回水管采用外夹式超声波流量计，检测水的流动速度，辅助温度探头对流速进行修正，补水管采用多普勒流量计。考虑到塔内湿热环境和现场施工便捷性，该系统采用 LoRa 技术实现远距离、低功耗无线数据传输；各采集节点、无线中继装置均采用防水设计，硬件壳体均采用 IP65 防水处理，电路板均涂三防漆；供电方式采用电池包供电。主要传感器型号如表 5-7 所示。

表 5-7 主要传感器

传感器类型	型号	备注
温度传感器	DS18B20	数字式单总线
风速传感器	HYS-05	霍尔传感型
压力传感器	HY206C	数字式 IIC（内部集成电路）
水温传感器	DS18B20	数字式单总线
进水流量传感器	超声波	数字式 Modbus
补水管流量传感器	多普勒	数字式 Modbus
回水管水泵转速传感器	HYMT-01	霍尔式、区分 NS 极

实时水平衡监测系统主要由四部分组成：

① 上位机。上位机采用广播方式对各智能监测节点进行实时巡检，完成数据采集汇总、数据分析等工作，并以友好的人机界面进行动态数据显示。

② 无线中继协调器。该单元完成塔内外的无线数据互联，实现上位机与塔内数据采集单元的实时数据交换。

③ 无线式塔内环境监测子系统。该系统包括无线温度、大气压强、风速等采集节点，完成塔内环境参数的实时采集。

④ 水流量及水温监测子系统。该系统监测进水、回水及补水的水量和水温，采用外夹式超声波流量计监测进水、回水管的水量，采用多普勒流量计监测补水管的非满管状态水量，采用辅助温度探头对水温进行监测。

实时水平衡监测系统的界面如图 5-15 所示。

5.2.3 应用效果

5.2.3.1 ♯5 双曲线自然通风冷却塔改造效果

♯5 塔改造后其收水层采用的是圆柱导叶型收水器（S1），于 2019 年 10

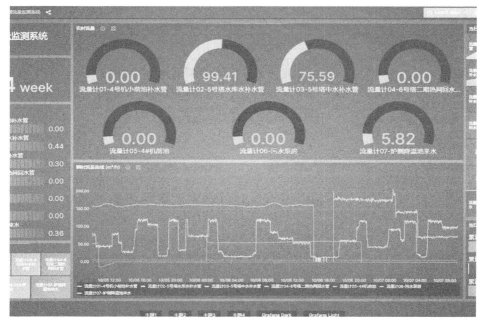

图 5-15　实时水平衡监测系统界面

月正式投运，稳定运行一年后，节水效果明显。为定量评估圆柱导叶型收水器的效果，由国家电站燃烧工程技术研究中心于 2020 年 8 月 16 日至 2020 年 8 月 20 日进行了现场试验。试验引用的规范和标准如表 5-8 所示，使用的主要测量仪器设备如表 5-9 所示，校验性测量仪表如表 5-10 所示。

（1）试验引用的规范和标准

表 5-8　相关规范及标准

序号	名称	版本
1	节水型产品通用技术条件	GB/T 18870—2011
2	冷却塔淋水填料、除水器、喷溅装置性能试验方法	DL/T 933—2005
3	节水型企业评价导则	GB/T 7119—2018
4	工业循环水冷却设计规范	GB/T 50102—2014
5	结构用纤维增强复合材料拉挤型材	GB/T 31539—2015
6	湿式冷却塔塔芯塑料部件质量标准	DL/T 742—2019

（2）测试仪器设备

表 5-9　测量仪器设备清单

仪器名称	数量	作用
雨量桶	10	收集上方水滴并进行记录
水样桶	20	上方收集回落的水样，下方收集收回的水样
气象记录笔（数据记录仪）	10	进行温湿度、大气压的采集
风速计	10	记录塔内风速以及温度
烧杯	20	水样采集及整理
pH 测试笔	10	水样的简单检测
量杯	10	水样简单测量
水样收集瓶	50	水样的采集以及封装
针管注射器	5	收集水样
水样瓶	40	携带封装水样
电子称重仪	1	测量采集水样的重量

表 5-10　校验性测量仪表清单

设备名称	设备型号	设备数量	功能
多功能气象站	FRTOWS	6	数据采集
气象站手持记录仪	HDL-2000	6	数据储存查看
设备集装箱		6	仪器保护
12V 蓄电池		6	电源

选用精度较高的多功能气象站设备进行抽样测试，该设备具有同步、实时测量大气温度、湿度、压力、风向和采水量的功能，可完成对所需数据的实时采样或抽样校验等任务。

（3）试验方法及流程

由于无法直接对比♯5 塔安装圆柱导叶型收水器改造前后的收水效果，采用♯5、♯6 塔回收水量对比的方法，进行♯5 塔新型节水装置的性能试验。为了使两个冷却塔的试验数据有可对比性，试验是在同时段、两台机组负荷相同、运行工况基本相同的情况下同时进行的。

冷却塔回收水量采用双翻斗雨量桶测量，具体方法是：将数个双翻斗雨量桶分别布置在♯5、♯6塔收水层，同步测量一定时间段内两个冷却塔收水器的实际回收水量，进行对比并计算其差值，即得到新型节水装置的节水性能的数据。

双翻斗雨量桶在冷却塔采取定点和随机两种方式分布。定点分布，即分布在♯5、♯6塔收水层中具有代表性且风速相对恒定的对应位置。随机分布，即为避免冷却塔内流场不匀及主观因素等造成的测量误差，采取的随机选择双翻斗雨量桶布置点、两塔联动的布置方式。塔内测点布置如图5-16所示。

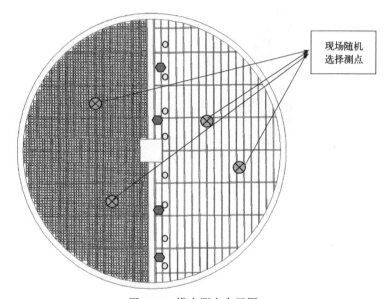

现场随机选择测点

图 5-16　塔内测点布置图

注：1. ♯5塔内水样采集悬挂位置：⬡为水样收集和气压、温湿度、风速测点，〇为水样收集装置点，⊗为随机测点。

2. ♯6塔在波纹板收水器层面的水样采集位置与♯5塔安放位置相对应（随机点除外），进行水样的收集。

图5-17中，⬤标记位置为多功能气象站安装位置（♯6塔内根据相同位置进行安装，与♯5塔形成对比监测点）。

（4）数据采集

利用表5-9所列设备，采集并记录塔内风速、温度、湿度、大气压、收水器上下方收集回落的水量；计算两塔下方回收的水量差值，以及两塔进出塔水温差值。通过监测塔内压力、温度、风速、雨量，确定工况差异程度。采样时间为6h。

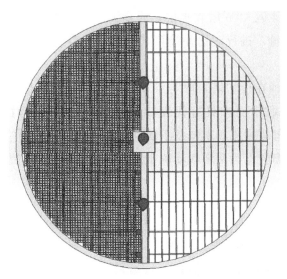

图 5-17　多功能气象站安装位置示意图

（5）水量测量计算方法

双翻斗雨量桶面积为：$S_桶 = \pi r^2 = 0.0314 m^2$。

冷却塔的收水层截面积约等于淋水面积，为：$S_塔 = 2000 m^2$。

双翻斗雨量桶下方收集到的水量为 V，$V_桶$ 为单位双翻斗雨量桶内收水量体积差：$V_桶 = V/4$。

由 $\dfrac{S_桶}{V_桶} = \dfrac{S_塔}{V_塔}$，可知收水量为：$V_塔 = \dfrac{S_塔 V_桶}{S_桶}$。

试验采样时间为 6h，如按照全年整塔运行 8000h 计算，则每年节水量为：$V_年 = \dfrac{V_塔}{6} \times 8000$。

（6）性能试验结果与分析

① 回收水量试验结果与分析。本试验采用容量为 1000mL 的标准量杯测量双翻斗雨量桶的收集水量，试验持续时间为 6h，双翻斗雨量桶测量数据整理结果见表 5-11、表 5-12（按机组年运行 8000h 折算）。

表 5-11　定点雨量桶收集水量

塔号	♯5 塔		♯6 塔	
位置	上方	下方	上方	下方
容积/mL	2500	67500	800	15400
折算整塔水量/t	318471		72658	

表 5-12 随机点雨量桶收集水量

塔号	♯5 塔		♯6 塔	
位置	上方	下方	上方	下方
容积/mL	2300	68000	1000	19000
折算整塔水量/t	320830		89643	

由表 5-11 和表 5-12 可知，采用定点和随机点两种方式布置雨量桶，水量测量结果的数据基本相同，所以回收水量的测量结果是可信的。

比较♯5、♯6 塔回收水量的测量数据，经计算，采用新型节水装置，增加的回收水量为：

$$\Delta w = \frac{318471 + 320830}{2} - \frac{72658 + 89643}{2} = 238500t$$

② 循环水温度的试验结果与分析。为了保证试验数据的有效可比性（工况一致），选择收水器改造后的♯5 塔与波纹板♯6 塔，两个塔塔型及技术参数一致，于 2020 年 8 月 18 日进行同负荷运行。分析数据选取 8 月 18 日上午 9 点到下午 4 点的 DCS（离散型控制系统）数据，约 145 个采样点。需要说明的是，由于现场环境约束，不能保证两个塔的负荷完全相同，本次试验中的同负荷是指将♯5 塔 145 个实际负荷求取均值 L，以此为基础从♯6 塔的 145 个采样点中筛选 L×（1±10)% 的实际采样点。

采用数据曲线化处理，使数据更加直观体现。♯5 塔与♯6 塔对比曲线图如图 5-18～图 5-21 所示。

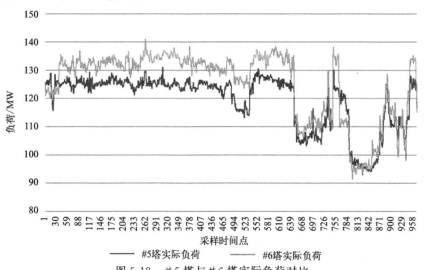

图 5-18 ♯5 塔与♯6 塔实际负荷对比

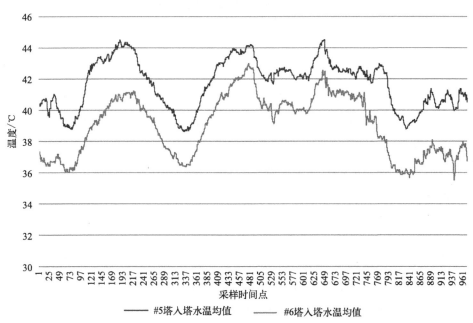

图 5-19　♯5 塔与♯6 塔循环水入口温度（入塔水温）对比

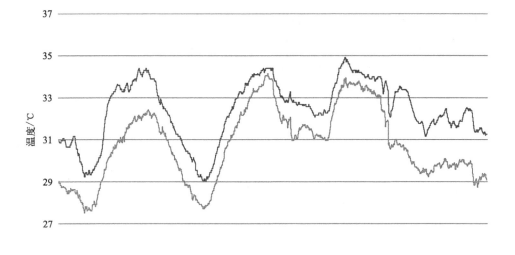

图 5-20　♯5 塔与♯6 塔出口温度（出塔水温）对比

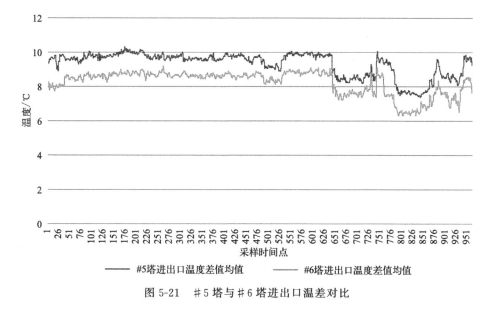

图 5-21　♯5 塔与♯6 塔进出口温差对比

通过分析计算得出，♯5 塔的凝汽器循环水进出口平均温差为 9.30℃，♯6 塔的凝汽器循环水进出口平均温差为 8.23℃，二者进出口平均温差的差值为 1.07℃。

（7）试验结论

① 通过气象站采集数据得出两个塔的塔内环境测量湿度、气压基本一致，说明新型旋流收水器未改变厂内运行工况。

② 为消除冷却塔横截面气-水流场分布不均匀可能造成的测量偏差，采用定点和随机两种方式布置雨量桶，水量测量结果的四组数据基本相同，所以测量结果是可信的。

③ 与传统波纹板收水器相比，新型节水装置（旋流收水器）回收水量明显增加。经测量数据计算得出，新型节水装置与波纹板收水器相比，回收水量为其 3 倍，按机组年运行 8000h 计算，新型节水装置比波纹板收水器每年多回收水约 238500t。

5.2.3.2 ♯6 双曲线自然通风冷却塔改造效果

2023 年 10 月，♯6 塔收水器改造完工后，厂方对♯5、♯6 塔进行了节水对比试验。其中试验规范、试验设备、水量计算方法与♯5 塔性能试验采用的一致。

（1）试验方法及流程

由于无法直接对比♯6塔安装新型节水装置改造前后的收水效果，采用♯5、♯6塔回收水量对比的方法，进行♯6塔新型节水装置的性能试验。为了使两个冷却塔的试验数据有可对比性，试验是在同时段、两台机组负荷相同、运行工况基本相同的情况下同时进行的。

冷却塔回收水量采用雨量桶进行测量，具体方法是：将数个雨量桶分别布置在♯5、♯6塔收水层，同步测量一定时段内两个冷却塔收水器的实际回收水量，进行对比并计算其差值，即得到新型节水装置的节水性能的数据。

雨量桶在冷却塔采取定点和随机两种方式分布。定点分布，即分布在♯5、♯6塔收水层中具有代表性且风速相对恒定的对应位置。随机分布，即为避免冷却塔内流场不匀及主观因素等造成的测量误差，♯6塔在有增高节部分布置雨量桶，♯5塔在相同位置放置雨量桶，两塔联动的布置方式。塔内测点布置位置如图5-22所示。

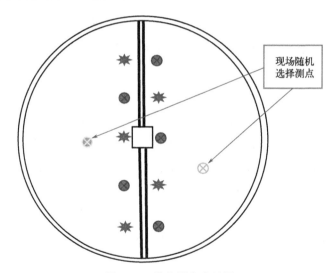

图 5-22　塔内测点布置图

注：♯6、♯5塔内水样采集悬挂位置：✸为收集气压、温湿度、风速等测点，
⊗为水样收集装置点（5个位置每次试验时随机选4个），⊗为随机测点。

（2）性能试验结果分析

① 回收水量试验结果分析。本试验采用容量为1000mL的标准量杯测量雨量桶的收集水量，试验持续时间为1h，雨量桶测量数据整理见表5-13和表5-14。

表 5-13 ♯5 塔收水量

日期	各桶位对应的水量/mL					
	X_1	X_2	X_3	X_4	X_5	X_6
2023 年 10 月 19 日	1460	1530	1450	1210	1230	860
	1160	1220	1440	1530	1380	1030
2023 年 10 月 20 日	1150	1130	1710	1160	1120	1430
	1350	1480	1310	980	1170	1400
2023 年 10 月 21 日	1220	1390	1510	1150	1060	1200
	1310	1430	1200	1230	1330	1440
合计	7650	8180	8620	7260	7290	7360
每桶每小时平均水量/mL	1287.778					
整塔每小时收水量/t	26.829					

表 5-14 ♯6 塔收水量

日期	各桶位对应的水量/mL					
	X_1	X_2	X_3	X_4	X_5	X_6
2023 年 10 月 19 日	1520	1880	1330	1280	1680	1000
	1380	1410	1160	1330	1360	1400
2023 年 10 月 20 日	1430	1660	1130	1320	1880	1200
	1040	1180	1430	1210	1600	1370
2023 年 10 月 21 日	1340	1480	1560	1080	1430	1500
	1160	1300	1710	1280	1310	1300
合计	7870	8910	8320	7500	9260	7770
每桶每小时平均水量/mL	1378.611					
整塔每小时收水量/t	28.721					

经数据整理，♯5 塔的平均温差为 9.37℃，实际平均负荷为 87.40MW，整塔每小时收水量为 26.829t；♯6 塔的平均温差为 9.68℃，实际平均负荷为 95.02MW，整塔每小时收水量为 28.721t；♯6 塔的节水量是♯5 塔的 1.0705 倍。

2020 年 8 月国家电站燃烧工程技术研究中心所出具的内蒙古霍煤鸿骏铝电有限责任公司《冷却塔新型节水装置性能试验报告》，给出♯5 塔年节水量为 23.85 万 t，因此♯6 塔的节水量为：

$$\Delta R = 23.85 \times 1.0705 = 25.53 \text{ 万 t}$$

② 改造完后塔内气象数据分析。为保证试验数据的有效可比性（工况一致），选择改造后的♯5、♯6 两塔进行对比，两座塔塔型及技术参数一致，进行同负荷运行并在塔内对其进行测试，气象数据采用数据曲线处理方式。♯5 塔与♯6 塔对比曲线以 2023 年 10 月 20 日为例进行展示，如图

5-23～图 5-28 所示。

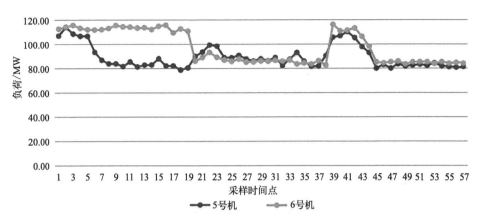

图 5-23　5、6 号机组实际负荷

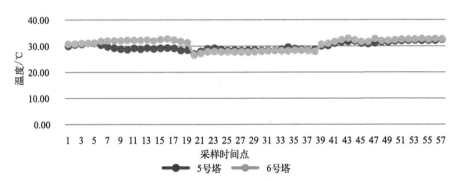

图 5-24　5、6 号塔入塔水温对比

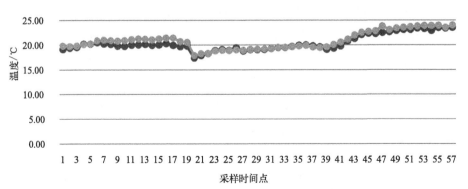

图 5-25　5、6 号塔出塔水温（均值）

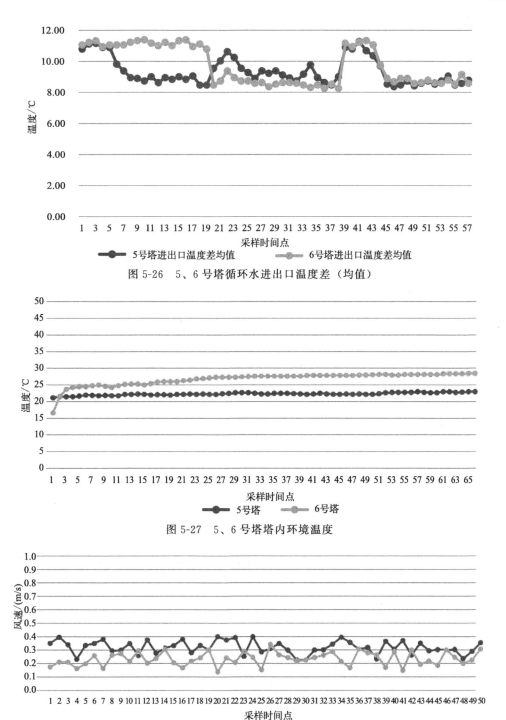

图 5-26　5、6 号塔循环水进出口温度差（均值）

图 5-27　5、6 号塔塔内环境温度

图 5-28　5、6 号塔塔内风速对比

（3）试验结论

① 通过气象站采集数据得出两个塔的塔内环境测量湿度、气压等运行状态参数基本一致，说明加装增高节的新型旋流收水器未改变厂内运行工况。

② ♯6 塔安装增高节的新型旋流收水器回收水量明显增加，为 25.53 万 t。

③ 通过调取 DCS 数据并进行相应的计算得出：♯5 塔的凝汽器循环水进出口平均温差（即进出塔平均温差）为 9.37℃，♯6 塔的凝汽器循环水进出口平均温差（即进出塔平均温差）为 9.68℃，二者平均温差的差值为 0.31℃。

综上所述，改造后未改变原有设备的运行状态，所采用的节水系统节水效果显著且进出塔的温差有所提高，每年可节水 25.53 万 t。

5.3　在机械通风冷却塔的应用

圆柱导叶型收水器在机械通风冷却塔的应用案例较多，本节选择 3 个较为典型的应用案例进行介绍。第一个案例为赤峰云铜有色金属有限公司，其机械通风冷却塔边缘部分使用收水器 S1，中间快速通流区使用收水器 S2，在塔出口增加导流环网 D2 和除水罩 C1 的产品组合；第二个案例为银川中科环保电力有限公司发电厂，其机械通风冷却塔采用了收水器 S3、导流环网 D2 和除水罩 C1 的产品组合；第三个案例为内蒙古锦联铝材有限公司，其机械通风冷却塔采用了收水器 S2 和增高节 Z2 的产品组合。

5.3.1　案例 1

赤峰云铜有色金属有限公司现有待改造机械通风冷却塔 5 座，单塔面积为 $14m \times 12.4m = 173.6m^2$，5 座塔总面积 $868m^2$，当前逆流式机械通风冷却塔内收水层使用的为改性 PVC 材质波纹板。

5.3.1.1　现状

（1）塔型及基本参数

根据现场特点，此处以净化工段 NH-2750 机械通风冷却塔为研究对象。冷却塔设计技术规范及 NH-2750 机械通风冷却塔基本数据如表 5-15、表 5-16 所示。

表 5-15　冷却塔设计技术规范

冷却塔型号	NH-2750	单塔淋水面积	175m²
设计单位	无		
单塔设计能力	2333t/h	设计循环水温度	29℃
换热管规格 （主进水管道）	DN300/165		
实际回水温度	进口水温 39℃；工艺水温 29℃		
回水压力	0.18～0.20MPa		
换热强度	设计值为 10℃		

表 5-16　NH-2750 机械通风冷却塔基本数据

名称	数据	备注
单塔面积淋水/m²	173.6	共 3 座塔
风机直径/m	7.7	
风机电机型号	Y355-4/6-90kW	变频可调节
设计风量/(m³/h)	1672717	技术规范书
淋水段风速/(m/s)	2.7	现场实际测量风速高于设计风速
设计进塔水温 T_1/℃	39	循环水温差设计值为 10℃
设计出塔水温 T_2/℃	29	循环水温差设计值为 10℃
单塔处理水量/(m³/h)	2500	循环水站总设计水量为 7500m³/h

（2）环境数据

1951～2015 年赤峰气象站建站气象资料如表 5-17 所示。

表 5-17　1951～2015 年赤峰气象站建站气象资料统计

名称	数据	备注
平均气温	4.6℃	
平均最高气温	14.3℃	
平均最低气温	1.3℃	
极端最高气温	42.5℃	发生在 1955 年 7 月 23 日
极端最低气温	−31.4℃	发生在 1956 年 1 月 21 日
最高气压	977.8hPa	
最低气压	915.6hPa	
平均气压	948.0hPa	
平均风速	2.3m/s	
最大风速	28.9m/s	
极大风速	40m/s	

5.3.1.2 改造方案

（1）调研数据

2022 年 2 月对厂内机械通风冷却塔进行了现场调研，调研信息如表 5-18 所示。

表 5-18 机械通风冷却塔调研

序号	详细内容	单位	详细数据	备注
1	冷却塔数量	个	3	辅机冷却/主机冷却
2	对应机组个数	个	无	用于冷却工艺冷却水
3	冷却塔设计流量（单塔）	t/h	2333	
4	冷却塔年运行时间（单塔）	h	8640	
5	冷却塔塔内淋水面积（单塔）	m²	174	可提供图纸照片
6	冷却塔塔高	m	9.5	可提供图纸照片
7	原收水层距离风机高度	m	2.2	
8	原收水层距离喷头高度	m	0.25	
9	收水层距离地面高度	m	7.7	
10	循环水进塔水温	℃	39	
11	循环水出塔水温	℃	29	
12	循环水流量	m³/h	2333	
13	循环水的浓缩倍率	倍	3～4	
14	循环水中排污占总补水量		零排污	排污占比/排污数据
15	循环水总补水量	t/(天·台)	936	厂内全部冷却塔
16	冬季循环水蒸发量	t/(天·台)	192	厂内全部冷却塔,不含排污水量
17	夏季循环水蒸发量	t/(天·台)	288	厂内全部冷却塔,不含排污水量
18	循环水水价	元/t	5.5	包含水资源税和排污费
19	风机是否为变频风机		变频	
20	风机电机功率	kW	50	风机电机铭牌/技术协议
21	风机直径	m	8.5	
22	循环水泵数量	台	4	
23	循环水泵额定流量	m³/h	3000	水泵铭牌/技术协议
24	循环水泵额定扬程	m	35	
25	循环水泵额定功率	kW	110	
26	波纹板收水器更换频率			多少年更换一次

（2）设计方案

根据现场的风机电机功率、循环水泵数量、循环水泵额定流量、循环水总补水量、循环水进出塔水温等要求，设计的收水器为圆柱导叶型收水器 S1 与 S2 组合。由于现场的风吹飘零现象严重，在出塔处增加导流环网 D1 和除水罩。NH-2750 机械通风冷却塔排布方案如表 5-19 所示。

表 5-19　NH-2750 机械通风冷却塔排布方案

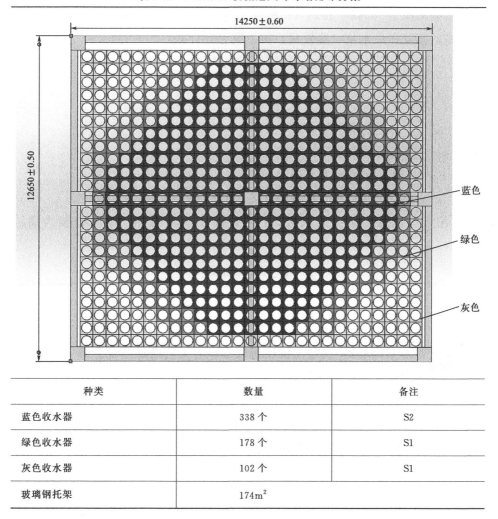

种类	数量	备注
蓝色收水器	338 个	S2
绿色收水器	178 个	S1
灰色收水器	102 个	S1
玻璃钢托架	174m²	

5.3.1.3　应用效果

由于冷却塔收水器改造前后工况变化及现场塔型限制，该项目没有采用对比试验方法，而是依据 GB/T 50392—2016《机械通风冷却塔工艺设计规范》[1] 中循环水系统的水平衡计算方法加以验证。

（1）冷却塔设计补水量计算依据

循环水系统的水平衡主要是由冷却塔补水量与冷却塔的蒸发量、风吹损失、漏损量及排污量进行平衡。即：

$$补水量＝蒸发量＋风吹损失量＋排污量＋漏损量$$

依据 GB/T 50392—2016《机械通风冷却塔工艺设计规范》第 5.6.2 条，冷却塔的蒸发损失水量（蒸发量）按下列公式计算：

$$Q_e = \frac{P_e Q}{100} \tag{5-1}$$

$$P_e = K_e \Delta t \tag{5-2}$$

式中　Q——设计进塔水量，m^3/h；

　　　Q_e——蒸发损失水量，m^3/h；

　　　P_e——蒸发水量损失水率，%；

　　　Δt——冷却塔进水与出水温度差，℃；

　　　K_e——蒸发水量损失系数，$1/℃$，按表 5-20 选用，中间值按内插法计算。

表 5-20　系数 K_e

进塔空气干球温度/℃	−10	0	10	20	30	40
$K_e/(1/℃)$	0.08	0.10	0.12	0.14	0.15	0.16

依据 GB/T 50392—2016《机械通风冷却塔工艺设计规范》第 5.6.3 条，冷却塔的风吹损失量按下列公式计算：

$$Q_w = \frac{P_w Q}{100} \tag{5-3}$$

式中　Q——设计进塔水量，m^3/h；

　　　Q_w——风吹损失量，m^3/h；

　　　P_w——收水器与进风口的风吹损失百分率，当缺乏测试数据时取 0.01%。

（2）冷却塔设计补水量计算过程

赤峰云铜有色金属有限公司机械通风冷却塔的设计蒸发损失水量为：

$$P_e = K_e \Delta t = 0.10 \times 10 = 1 \tag{5-4}$$

$$Q_{e1}=\frac{P_e Q}{100}=\frac{1\times 2500}{100}=25\mathrm{m}^3 \tag{5-5}$$

其中，K_e 取值为 0.1；Q 取值为 NH-2750 机械通风冷却塔的单塔处理水量 2500m³/h。

赤峰云铜有色金属有限公司机械通风冷却塔的设计风吹损失量为：

$$Q_{w1}=\frac{P_w Q}{100}=\frac{0.01\% \times 2500}{100}=0.0025\mathrm{m}^3 \tag{5-6}$$

按照补水量公式，在不考虑排污和漏损量的前提下：该公司机械通风冷却塔设计补水量 $=Q_{e1}+Q_{w1}=25+0.0025=25.0025\mathrm{m}^3/\mathrm{h}$。

（3）补水试验数据

2021 年 12 月 8 日，对赤峰云铜有色金属有限公司机械通风冷却塔进行了节水实验，当日气温 $-3℃$ 到 $9℃$，关闭冷却塔排污管道阀门和冷却塔补水管道阀门，将冷却塔风机电机设置在 22Hz 持续运行 1h，根据塔池液位计读数得出改造后单塔每小时实际补水量为 11m³。

（4）结论

通过 GB/T 50392—2016《机械通风冷却塔工艺设计规范》以及试验数据得出，改造后采用圆柱导叶型旋流收水器的收水率 $\beta^{[1]}$ 为：

$$\beta=\frac{Q_{e1}+Q_{w1}-(Q_{w2}+Q_{e2})}{Q_{e1}+Q_{w1}}\times 100\%=\frac{25+0.0025-11}{25+0.0025}\times 100\%=56\%$$
$$\tag{5-7}$$

由此可知，圆柱导叶型旋流收水器收水率为波纹板收水器收水率的 2 倍以上。改造后新型旋流收水器对塔内风速无影响，不会改变原有工况。

5.3.2 案例 2

银川中科环保电力有限公司发电厂（简称银川电厂）是一家处理生活垃圾的发电厂，处理方式为焚烧，处理垃圾 2000t/d，三台凝汽器工作每小时需要 9000t 的循环水，产生压差推动汽轮机做功，从而带动 3 台 12000W 的机组进行发电。银川电厂 4 炉 3 机配套 6 台机械通风冷却塔，2013 年 10 月投产长期使用"V"型波纹板收水器，冷却塔飘水率较大，造成水资源浪费。银川电厂全年用水权批复为 95.4 万 m³，全年用水超额会面临行政处罚风险，为节约用水，使全年取水量小于批复水量，本工程针对 6 台机械通风冷却塔内流场分布情况对收水器层面进行全面优化改造。

5.3.2.1 现状

(1) 塔型及基本参数

机械通风冷却塔塔型及基本参数如表 5-21 所示。

表 5-21 冷却塔塔型及主要参数

项目名称	内容	参数
淋水面积	收水层(m²)	90m²/塔(9×10)×4 个 110m²/塔(10×11)×2 个
现有波纹板使用情况	破损情况、更换周期、最近一次更换时间	破损严重
机组类型、容量、配置	冷却塔对应汽轮机发电机组	3×12000W
风机电机参数	功率、数量、是否超频使用	♯1～♯4 定频风机 55kW;♯5 变频风机 55kW;♯6 变频风机 45kW
蒸发水损失	补水量/运行时间	夏:3500t/天、冬:2800t/天 8640h
企业水价	政府水价＋排污费＋水资源税	3.2 元/m³

分析:

(1)冷却塔循环水量按 10000t/h 设计,年蒸发量约为 10000×1.2％×8640＝103.68 万 t(冬季蒸发损失 1%左右,夏季 1.5%左右,全年按 1.2%折中)

(2)现场提供补水量(估算)119.56 万 t/年,由于没有排污量及脱硫用水表计量,蒸发损失按理论数值计算

(3)波纹板收水器节水率设计值为 35％,性能会随着运行衰减,实际节水率在 25％左右

(2) 现场调研数据 (工况)

现场机械通风冷却塔调研数据如表 5-22 所示。

表 5-22 现场调研数据

序号	详细内容	单位	详细数据	备注
1	冷却塔数量	个	6	其中♯1～♯4 塔为定频,♯5、♯6 塔为变频
2	冷却塔设计流量(单塔)	t/h	1500;2000	♯1～♯4 为 1500,♯5、♯6 为 2000
3	冷却塔年运行时间(单塔)	h	8640	按 1 年 360 天计算
4	冷却塔塔高	m	8.6	可提供图纸或照片

续表

序号	详细内容	单位	详细数据	备注
5	冷却塔内淋水面积(单塔)	m²	90×4	可提供图纸或照片
6	冷却塔内收水层混凝土梁结构图纸		无混凝土梁	可提供设计图纸或照片
7	收水层距离地面高度	m	5.4	
8	循环水进塔水温	℃	40	
9	循环水出塔水温	℃	28～31	
10	循环水的浓缩倍率	倍	20～30	
11	循环水中排污占总补水量百分比	%	零排污	
12	循环水总补水量	t/天	3800(夏);2800(冬)	厂内全部冷却塔
13	循环水水价	元/t	3.2	包含水资源税和排污费
14	风机电机功率	kW	35kW;45kW	♯1～♯5塔35kW,♯6塔45kW
15	风机直径	m	6	
16	波纹板收水器更换频率	年	1	
17	填料、喷头更换频率	年	1	
18	循环水泵数量	个	4	
19	循环水泵额定流量	m³/h	♯1～♯3:3600 ♯4:2500	
20	额定扬程	m	20	
21	额定功率	kW	315	
22	机组	台	3	12000W

（3）现场测试数据

机械通风冷却塔塔体尺寸如表5-23所示。

表 5-23 塔体尺寸

塔型/m	长/m	宽/m	水池		塔筒距离塔体		塔筒高/m	塔高/m
			南北/m	东西/m	南北/m	东西/m		
9×10	10	9	10.5	37	1.15	0.9	2.5	6.6
10×12	10	12	13.75	13	1.3	1.3	1.8	6
12×12	12	12	13	13.9	2.95	2.95	2.15	6

5.3.2.2 改造方案与平面布置

（1）改造方案

本工程针对6座机械通风冷却塔做了定制化改造，由于风机电机功率大，风飘损失严重，系统采用了圆柱导叶型收水器 S3，中间区域增加增高节 Z1，进一步提高冷却塔内微小液滴的碰撞聚并概率，增大水汽与壁面的接触面积，提高节水效果。另外机械通风冷却塔的出风口处安装了导流环网 D2 和除水罩 C1，在风筒出口增设导流环网可以将出风口外向涡流的流体形式改变为向内涡流，减少向外涡流携带飞出的液滴，配合圆柱导叶型收水器，优化冷却塔节水系统，达到更好的节水、节能效果。

（2）平面布置（表 5-24～表 5-26）

表 5-24　银川中科环保电力有限公司 9×10 机械通风冷却塔排布方案

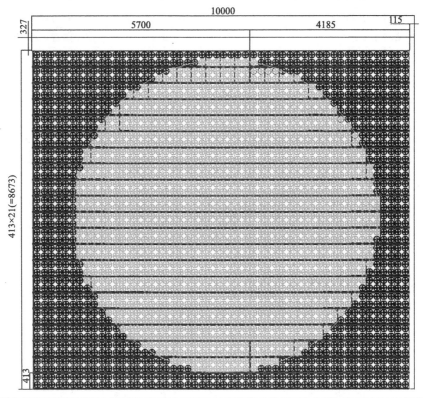

种类	数量	备注
深色收水器	546 个	S3
浅色收水器增高节	324 个	Z1
玻璃钢托架 1	21 个	可安装 15 个收水器
玻璃钢托架 2	21 个	可安装 11 个收水器

表 5-25 银川中科环保电力有限公司 10×12 机械通风冷却塔排布方案

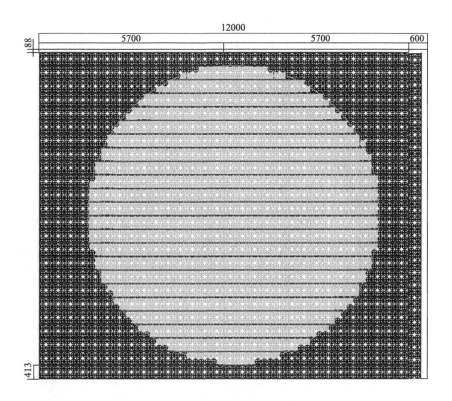

种类	数量	备注
深色收水器	750 个	S3
浅色收水器增高节	408 个	Z1
玻璃钢托架 1	21 个	可安装 15 个收水器

表 5-26　银川中科环保电力有限公司 12×12 机械通风冷却塔排布方案

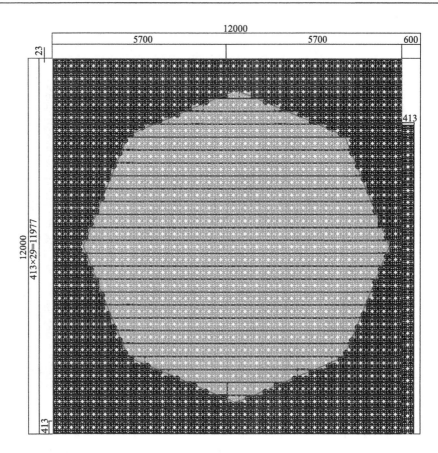

种类	数量	备注
深色收水器	800 个	S3
浅色收水器增高节	488 个	Z1
玻璃钢托架 1	60 个	可安装 15 个收水器

5.3.2.3　应用效果

　　由于现场无法做对比试验，根据调取的实际运行数据，通过对比厂内同期取水量、吨水发电量和增高节拆除前后四炉三机运行情况，对改造前后的整体应用效果进行了分析。

（1）同期取水量、吨水发电量对比（表 5-27、表 5-28）

表 5-27 同期取水量（用水量）对比

时间	安装前用水量/t	安装后用水量/t	节约用水量/t	同比下降率
1 月份	78787	71036	7751	9.8%
2 月份	73058	75432	−2374	−3.2%
3 月份	79748	82164	−2416	−3.0%
4 月份	95833	85128	10705	11.2%
5 月份	94969	77148	17821	18.8%
6 月份	99689	90043	9646	9.7%
7 月份	102750	81660	21090	20.5%

表 5-28 同期吨水发电量和耗水量对比

时间	安装前		安装后		同比下降率
	发电量/ （×10⁴kWh）	耗水量/ （×10⁻⁴t/kWh）	发电量/ （×10⁴kWh）	耗水量/ （×10⁻⁴t/kWh）	
1 月份	2224.68	35.41	2048.25	34.68	2.1%
2 月份	2113.29	34.57	2111.72	35.72	−3.2%
3 月份	2088.78	38.18	2396.40	34.29	11.4%
4 月份	2301.33	41.64	2277.03	37.39	11.4%
5 月份	2415.48	39.32	2046.66	37.69	4.3%
6 月份	2304.93	43.25	2305.77	39.05	10.8%
7 月份	2538.84	40.47	2256.75	36.18	11.8%

根据表 5-27 数据分析得出，收水器安装经调试运行后，月平均节水 8889t，节水率为 9.1% 左右。

（2）增高节拆除前后四炉三机运行情况对比

由于外界气温较高，借助停炉机会于 2022 年 8 月 4 日对 #2、#3、#4、#6 冷却塔圆柱导叶型收水器增高节进行拆除，8 月 7 日正式满负荷运行到 11 日，拆除前后数据如表 5-29 所示。

表 5-29 对比数据

日期	机组	平均负荷/ MW	真空/ kPa	排气温度/ ℃	循环水进水温度/℃	循环水回水温度/℃	端差/℃
8 月 7 日～ 11 日	#1 机	9.31	−73.77	50.34	36.54	42.37	7.97
	#2 机	12.84	−73.17	53.74	36.43	43.71	10.03
	#3 机	13.93	−71.14	56.74	36.7	46.94	9.8
均值		12.03	−72.69	53.61	36.56	44.34	9.27

日期	机组	平均负荷/MW	真空/kPa	排气温度/℃	循环水进水温度/℃	循环水回水温度/℃	端差/℃
8月12日～16日	♯1机	10.16	−73.55	51.04	35.94	42.22	8.82
	♯2机	12.65	−74.24	52.39	35.83	43.38	9.01
	♯3机	13.28	−73.13	54	36.1	44.65	9.35
均值		12.03	−73.64	52.48	35.96	43.42	9.06

分析得出收水器对循环水温有降温效果，发电机同等负荷下，真空提升 1kPa，发电效率提升 0.5%；年发电量按照 20000 万 kWh 计算，可增加发电量 100 万 kWh。

5.3.3 案例3

内蒙古锦联铝材有限公司二期逆流式机械通风冷却塔单塔淋水面积 175m²，共 5 台，总淋水面积为 5×175＝875m²，机械通风冷却塔收水层原来安装的是 PVC 波纹板收水器。

5.3.3.1 现状

(1) 塔型及基本参数

NH-3200 逆流式机械通风冷却塔塔型及基本参数如表 5-30 所示。

表 5-30 NH-3200 逆流式机械通风冷却塔相关数据

项目名称	内容	参数
冷却塔淋水面积	收水层（m²）	875
现有波纹板使用情况	破损情况、更换周期、最近一次更换时间	一般，自 2015 年建设投产后无更换，只维护
风机电机参数	功率、数量、是否超频使用	75kW,5 台
抽水泵型号	功率、流量	功率：315kW；流量：3200m³/h
夏季/冬季循环水进/出水温度	7、8 月份厂内 DCS 数据	进 30.3℃/出水 23.96℃
	11、12 月份厂内 DCS 数据	进 20.75℃/出水 13℃
冷却塔蒸发水损失	蒸发量/运行时长	455.2t/d；8640h
企业水价	政府水价＋排污费＋水资源税	7.5 元/m³

（2）现场调研数据（工况）

NH-3200 逆流式机械通风冷却塔现场调研数据如表 5-31 所示。

表 5-31 机械通风冷却塔调研表

序号	详细信息	单位	详细数据	备注
1	冷却塔数量	个	5	
2	冷却塔设计流量（单塔）	t/h	3200	
3	冷却塔年运行时间（单塔）	h	8640	
4	冷却塔塔高	m	11.3	
5	冷却塔淋水面积（单塔）	m²	175	
6	收水层距离地面高度	m	约 6.4	
7	收水层距离风机高度	m	3.77	
8	循环水进塔水温	℃	夏季 30.3；冬季 20.75	
9	循环水出塔水温	℃	夏季 23.96；冬季 13℃	
10	循环水的浓缩倍率	倍	1~2	
11	循环水总补水量	t/d	夏季 156.45；冬季 72.37	厂内全部冷却塔
12	冬季循环水蒸发量	t/d	22.76	厂内全部冷却塔,不含排污量
13	夏季循环水蒸发量	t/d	41.00	厂内全部冷却塔,不含排污量
14	循环水水价	元/t	7.5	包含水资源税和排污费
15	风机电机功率	kW	75	
16	风机直径	m	8.530	
17	风机是否为变频风机		否	
18	循环水泵数量	台	5	
19	循环水泵额定流量	m³/h	3200	
20	循环水泵额定扬程	m	25	
21	循环水泵额定功率	kW	315	

5.3.3.2 改造方案

针对冷却塔的实际情况，结合 CFD 仿真模拟，给出具体平面布置图如图 5-29 所示。冷却设备主要包括收水器 S2 和增高节 Z2，其中深色区域安装了收水器增高节。

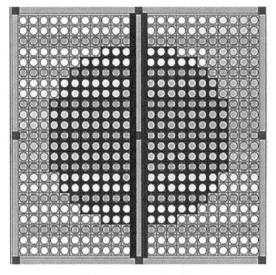

图 5-29　平面布置图

5.3.3.3　应用效果

根据锦联机械通风冷却塔的实际工况，采用传统的比较测量法进行性能评价。即：选择两个样式、环境、工作参量均相同的冷却塔，一个安装波纹板收水器，一个安装新型旋流式收水器（本次测试选择未改造的 02B 塔和改造后的 02C 塔），在单位时间内监测、记录运行工况、收水量等参数，得到的数据按照相同的运算公式进行分析，最后得出节水率等结论。

（1）试验方法及流程

通过测试机械通风冷却塔改造前后回收水量的方法，对冷却塔旋流节水装置进行性能试验。

为了使冷却塔内改造前后的试验数据具有真实性，在室外环境温度等同、生产设备负荷等同、运行工况基本正常的前提下，进行冷却塔内改造前后回收水量的试验。由于 02C 冷却塔的设计特殊性（详情如图 5-30 所示），为在同等工况下进行有效对比试验，采取 02A 冷却塔正常运行，在做 02C 冷却塔试验时，关闭 02B 冷却塔上水阀门，使水流量都在 02A 和 02C 进行使用；同理，在做 02B 冷却塔试验时，关闭 02C 冷却塔上水阀门，使水流量都在 02A 和 02B 进行使用，以此来进行有效对比试验论证。

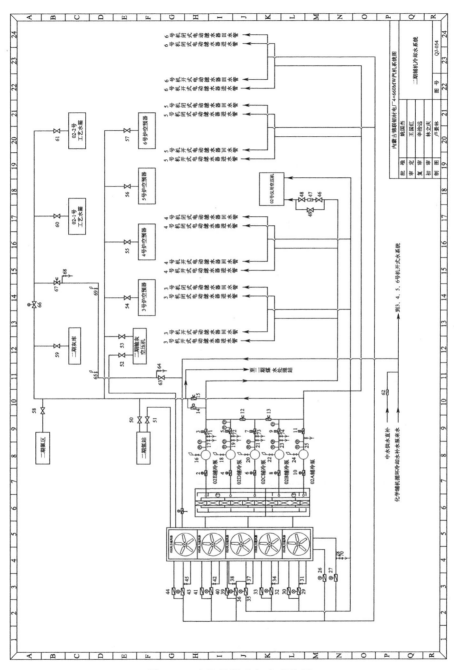

图 5-30 汽机辅机冷却水系统图

试验方法：采用雨量桶测量冷却塔内不同区域雨量桶装置回收水量，将6个雨量桶分别安装在塔内旋流收水器下方、喷头层的上方空间内进行水量采集，单塔单次采集时间为1h，塔内水样收集点布置图如图5-31所示。

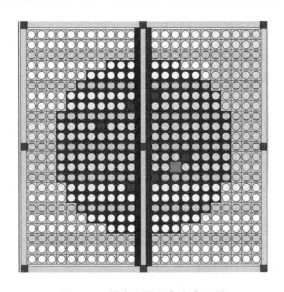

图 5-31　塔内水样收集点布置图

注：塔内水样采集悬挂位置：■为水样收集与气压、温湿度测量装置点，
●为水样收集装置点。

（2）试验结果及分析

采集的水样采用标准量杯计量，雨量桶测量原始数据如表5-32所示。

表 5-32　水样采集记录表

采集时间：2023 年 10 月 24 日				
冷却塔编号	02B 机械通风冷却塔		02C 机械通风冷却塔	
收水器类型	波纹板收水器		圆柱导叶型收水器	
风机启动时间	16:42~17:42		15:25~16:25	
机组/风机负荷	工频		工频	
收水层风速	1.78m/s		2.2m/s	
采集水量/mL	1 号桶	1000	1 号桶	2900
	2 号桶	420	2 号桶	3600
	3 号桶	950	3 号桶	700
	4 号桶	3300	4 号桶	3780

续表

采集时间:2023 年 10 月 24 日				
采集水量/mL	5 号桶	1600	5 号桶	4600
	6 号桶	1950	6 号桶	1100
合计水量/mL	9220		16680	
平均水量/mL	1536.6		2780	

由表 5-32 可知，根据现有试验工况及机组负荷，一个小时内波纹板收水器平均收水量为 1536.6mL，圆柱导叶型收水器平均收水量为 2780mL（取 6 个雨量桶的平均值），雨量桶底面积为 0.096m²，塔内收水面积为 175m²，可求得塔内波纹板收水器一小时收水量为：

$$\frac{175}{0.096}=\frac{L}{1536.6\times10^{-6}}\Rightarrow L=(175\times1536.6\times10^{-6})/0.096=2.80(\mathrm{m^3/h})$$

圆柱导叶型收水器一小时收水量为：

$$\frac{175}{0.096}=\frac{L}{2780\times10^{-6}}\Rightarrow L=(175\times2780\times10^{-6})/0.096=5.07(\mathrm{m^3/h})$$

（3）结论

通过现有工况单塔单小时计算，圆柱导叶型收水器比波纹板收水器单小时多节水 5.07－2.80＝2.27t 水。按年运行时间 8640 小时计算，波纹板收水器可节水 2.80×8640＝2.42×10⁴t/a，圆柱导叶型收水器可节水 5.07×8640＝4.38×10⁴t/a，圆柱导叶型收水器节水率为波纹板收水器节水率的 1.80 倍。

◆ 参考文献 ◆

[1] GB/T 50392—2016. 机械通风冷却塔工艺设计规范.